JN024797

大学数学 基礎力養成

積分の問題集

丸井洋子 著

東京電機大学出版局

はじめに

　本書は姉妹本『大学数学　基礎力養成　積分の教科書』に準拠して書かれた問題集で，教科書の流れに沿って問題が並んでいます。難易度を★の数で示しました。

　微分積分学の主たるテーマは「計算すること」なのですが，微分計算と比べて積分計算はずっと難しく，解法が浮かばず戸惑うことがあります。これは積分計算が，単に公式を知っているだけでは不十分で，被積分関数を公式を使える形に変形することから始めなければならないからです。実際，被積分関数に逆三角関数を含む計算は途中経過が複雑であり，微分の知識が身についていなければ見通し良く解き進められません。また置換積分法や部分積分法を用いる計算はある種の「ひらめき」が必要です。この「ひらめく力」は反復練習によって鍛えることができます。同じ問題を少なくとも2回は解いてください。2回目はより速くかつ先を読みながら確信を持って解けて，知識を「定着」させることができます。

　たった1つの計算問題を解くために試行錯誤を繰り返し，途中の式をいくつも書き連ねるといったことは，これまでに経験しなかったかもしれません。けれども苦心の末に解答にたどり着いたとき，読者は確かな手応えと達成する喜びを感じることでしょう。1問解く過程で多くの豊かな発見があり，計算の背景には緻密な理論があると気づいたとき，単なる計算練習以上の充足感を覚えるのではないでしょうか。数学の魅力は何よりもその高く深い精神性にあるのです。一人でも多くの読者に数学の魅力を味わって頂ければ幸いです。

　最後に，本書の編集・校正で今回もお世話になった東京電機大学出版局の吉田拓歩氏に心から感謝申し上げます。

2017年10月　　　　　　　　　　　　　　　　　　丸井　洋子

目　次

問題

$$\int \sqrt{a^2 - x^2}\, dx$$
$$= \frac{1}{2}\left(x\sqrt{a^2 - x^2} + a^2 \sin^{-1}\frac{x}{a}\right)$$

■1 不定積分 ★

次の表の空欄を埋めよ。Cは積分定数である。

$f(x)$	$\int f(x)dx$	$f(x)$	$\int f(x)dx$
1	❶ [　　　　] $+C$	x^6	❺ [　　　　] $+C$
x	$\dfrac{1}{2}x^2+C$	x^8	❻ [　　　　] $+C$
x^2	❷ [　　　　] $+C$	x^{11}	❼ [　　　　] $+C$
x^3	❸ [　　　　] $+C$	x^n (n:自然数)	❽ [　　　　] $+C$
x^4	❹ [　　　　] $+C$		

■2 不定積分 ★

次の不定積分を求めよ。

❶ $\displaystyle\int x\,dx$

❷ $\displaystyle\int 2x^3\,dx$

❸ $\displaystyle\int dx$

❹ $\displaystyle\int (-x)\,dx$

❺ $\displaystyle\int \dfrac{1}{3}x^4\,dx$

❻ $\displaystyle\int \dfrac{3}{5}x^2\,dx$

❼ $\displaystyle\int \left(-\dfrac{3}{2}x^5\right)dx$

❽ $\displaystyle\int 6x^3\,dx$

❸ 不定積分 ★

	1回目	2回目
	/	/

次の不定積分を求めよ。

❶ $\displaystyle\int \left(x^3 + x^2 + x + 1\right)dx$

❷ $\displaystyle\int \left(3x^2 + x + 2\right)dx$

❸ $\displaystyle\int \left(-2x^3 + 5x - 3\right)dx$

❹ $\displaystyle\int \left(\frac{1}{2}x^3 + \frac{1}{3}x^2 - \frac{1}{4}x + \frac{1}{5}\right)dx$

❺ $\displaystyle\int \left(x+1\right)\left(x+3\right)dx$

❻ $\displaystyle\int \left(2x-1\right)\left(x+2\right)dx$

❼ $\displaystyle\int \left(2t-3\right)\left(4t+1\right)dt$

❹ 不定積分 ★

	1回目	2回目
	/	/

次の不定積分を求めよ。

❶ $\displaystyle\int x\left(x-1\right)dx$

❷ $\displaystyle\int \left(x^2-1\right)\left(x+5\right)dx$

❸ $\displaystyle\int \left(x-1\right)^2 dx$

❹ $\displaystyle\int \left(x^2+3\right)^2 dx$

❺ $\displaystyle\int \left(x+2\right)^3 dx$

5 不定積分 ★

1回目	2回目
／	／

次の式を，x の負の累乗の指数で表せ。

❶ $\dfrac{1}{x}$

❷ $\dfrac{1}{x^2}$

❸ $\dfrac{1}{x^3}$

❹ $\dfrac{2}{x}$

❺ $\dfrac{3}{x^2}$

❻ $-\dfrac{5}{x^2}$

❼ $-\dfrac{2}{x^3}$

6 不定積分 ★

1回目	2回目
／	／

次の表の空欄を埋めよ。

$f(x)$	$\displaystyle\int f(x)dx$	$f(x)$	$\displaystyle\int f(x)dx$
$\dfrac{1}{x}$	❶ ⬚ $+C$	$-\dfrac{1}{x^2}$	❹ ⬚ $+C$
$\dfrac{1}{x^2}$	❷ ⬚ $+C$	$-\dfrac{1}{x^3}$	❺ ⬚ $+C$
$\dfrac{1}{x^3}$	$-\dfrac{1}{2x^2}+C$	$-\dfrac{1}{x^4}$	❻ ⬚ $+C$
$\dfrac{1}{x^4}$	❸ ⬚ $+C$	$-\dfrac{1}{x^6}$	❼ ⬚ $+C$

7 不定積分 ★

次の不定積分を求めよ。

❶ $\displaystyle\int \frac{dx}{x}$

❷ $\displaystyle\int \frac{3}{x^2}dx$

❸ $\displaystyle\int \left(-\frac{4}{x^2}\right)dx$

❹ $\displaystyle\int \frac{dx}{5x^3}$

❺ $\displaystyle\int \frac{3}{4x^2}dx$

❻ $\displaystyle\int \frac{4}{5x^2}dx$

❼ $\displaystyle\int \left(-\frac{3}{2x^4}\right)dx$

8 不定積分 ★

次の不定積分を求めよ。

❶ $\displaystyle\int \left(\frac{1}{x}+\frac{1}{x^2}+\frac{1}{x^3}\right)dx$

❷ $\displaystyle\int \left(-\frac{1}{x}-\frac{1}{x^2}+\frac{1}{x^3}\right)dx$

❸ $\displaystyle\int \left(\frac{2}{x}+\frac{3}{x^2}-\frac{4}{x^3}\right)dx$

❹ $\displaystyle\int \left(\frac{5}{x}-\frac{4}{x^3}+\frac{5}{x^4}\right)dx$

❺ $\displaystyle\int \left(\frac{1}{2x}+\frac{1}{3x^2}+\frac{1}{4x^3}\right)dx$

❻ $\displaystyle\int \left(\frac{2}{3x}+\frac{3}{4x^2}-\frac{2}{5x^3}\right)dx$

9 不定積分 ★★

次の不定積分を求めよ。

❶ $\displaystyle\int \frac{x-2}{x}\,dx$

❷ $\displaystyle\int \frac{4x^2-3x+1}{x}\,dx$

❸ $\displaystyle\int \frac{(x^2-1)(x^2+3)}{x^3}\,dx$

❹ $\displaystyle\int \frac{(x+1)^2}{x}\,dx$

❺ $\displaystyle\int \left(x-\frac{1}{x}\right)^3\,dx$

10 不定積分 ★★

次の不定積分を求めよ。

❶ $\displaystyle\int x^2(x-2)^2\,dx$

❷ $\displaystyle\int (x+1)^2(x-1)^2\,dx$

❸ $\displaystyle\int \frac{x^3-5x^2-x+3}{x^2}\,dx$

❹ $\displaystyle\int \frac{(x^2+1)^2}{x^3}\,dx$

❺ $\displaystyle\int \frac{(x+1)^3}{x}\,dx$

11 不定積分 ★

1回目	2回目
/	/

次の式を，x の有理数の指数で表せ。

① $\sqrt{x}$

② $\sqrt[3]{x}$

③ $\sqrt[3]{x^2}$

④ $x\sqrt{x}$

⑤ $x^2\sqrt{x}$

⑥ $\dfrac{1}{\sqrt{x}}$

⑦ $\dfrac{1}{\sqrt[3]{x}}$

⑧ $\dfrac{1}{x^2\sqrt{x}}$

12 不定積分 ★

1回目	2回目
/	/

次の不定積分を求めよ。

① $\displaystyle\int \sqrt{x}\,dx$

② $\displaystyle\int \sqrt[3]{x}\,dx$

③ $\displaystyle\int \sqrt[3]{x^2}\,dx$

④ $\displaystyle\int x\sqrt{x}\,dx$

⑤ $\displaystyle\int x^2\sqrt{x}\,dx$

⑥ $\displaystyle\int \dfrac{1}{\sqrt{x}}\,dx$

⑦ $\displaystyle\int \dfrac{1}{\sqrt[3]{x}}\,dx$

⑧ $\displaystyle\int \dfrac{1}{x^2\sqrt{x}}\,dx$

13 不定積分 ★★

次の不定積分を求めよ。

❶ $\displaystyle\int \sqrt{x}\,dx$

❷ $\displaystyle\int 3x\sqrt{x}\,dx$

❸ $\displaystyle\int \frac{2}{\sqrt{x}}\,dx$

❹ $\displaystyle\int \left(-\sqrt{x}\right)dx$

❺ $\displaystyle\int \left(-\frac{3}{\sqrt{x}}\right)dx$

❻ $\displaystyle\int 4\sqrt[3]{x}\,dx$

❼ $\displaystyle\int \left(-2\sqrt[3]{x^2}\right)dx$

14 不定積分 ★★

次の不定積分を求めよ。

❶ $\displaystyle\int \left(\sqrt{x}+\sqrt[3]{x}+\sqrt[3]{x^2}\right)dx$

❷ $\displaystyle\int \left(\sqrt{x}+x^2\sqrt{x}-x^3\sqrt{x}\right)dx$

❸ $\displaystyle\int \left(\frac{2}{\sqrt{x}}-x\sqrt{x}+\frac{3}{x\sqrt{x}}\right)dx$

❹ $\displaystyle\int \left(\sqrt[3]{x}+\frac{1}{2\sqrt[3]{x}}-\frac{2}{3\sqrt[3]{x^2}}\right)dx$

❺ $\displaystyle\int \left(\frac{2}{x\sqrt{x}}-\frac{3}{x^2\sqrt{x}}\right)dx$

15 不定積分 ★★

1回目	2回目
／	／

次の不定積分を求めよ。

❶ $\displaystyle\int\left(\sqrt{x}+\dfrac{1}{\sqrt{x}}\right)^2 dx$

❷ $\displaystyle\int\dfrac{x+1}{\sqrt{x}}dx$

❸ $\displaystyle\int\dfrac{\left(\sqrt{x}+1\right)^2}{x}dx$

❹ $\displaystyle\int\left(\sqrt{x}-\dfrac{1}{\sqrt{x}}\right)^3 dx$

16 不定積分 ★★

1回目	2回目
／	／

次の不定積分を求めよ。

❶ $\displaystyle\int\left(\sqrt[3]{x^2}+\dfrac{3}{x\sqrt{x}}+\dfrac{2}{x}\right)dx$

❷ $\displaystyle\int\left(x-\dfrac{1}{\sqrt{x}}\right)^2 dx$

❸ $\displaystyle\int\left(\sqrt{x}+\dfrac{1}{\sqrt{x}}\right)^3 dx$

❹ $\displaystyle\int\dfrac{2x^3-4x^2+1}{\sqrt{x}}dx$

🖊 17 不定積分 ★

次の不定積分を求めよ。

❶ $\displaystyle\int (x+3)^3\,dx$

❷ $\displaystyle\int (-x+8)^4\,dx$

❸ $\displaystyle\int (3x+2)^2\,dx$

❹ $\displaystyle\int (2x-5)^3\,dx$

❺ $\displaystyle\int (-2x+7)^6\,dx$

❻ $\displaystyle\int (-4x+1)^3\,dx$

❼ $\displaystyle\int (5x-7)^4\,dx$

❽ $\displaystyle\int (-2x+9)^5\,dx$

🖊 18 不定積分 ★

次の不定積分を求めよ。

❶ $\displaystyle\int \frac{dx}{x+1}$

❷ $\displaystyle\int \frac{dx}{x-3}$

❸ $\displaystyle\int \frac{dx}{2x+1}$

❹ $\displaystyle\int \frac{dx}{3x-5}$

❺ $\displaystyle\int \frac{dx}{-x+3}$

❻ $\displaystyle\int \frac{dx}{-2x+5}$

❼ $\displaystyle\int \frac{dx}{-5x-2}$

⑲ 不定積分 ★

1回目	2回目
/	/

次の不定積分を求めよ。

① $\displaystyle\int \frac{dx}{(x+1)^2}$

② $\displaystyle\int \frac{dx}{(x-3)^2}$

③ $\displaystyle\int \frac{dx}{(2x-3)^3}$

④ $\displaystyle\int \frac{dx}{(3x+1)^4}$

⑤ $\displaystyle\int \frac{dx}{(-x+7)^5}$

⑥ $\displaystyle\int \frac{dx}{(-4x+3)^6}$

⑳ 不定積分 ★

1回目	2回目
/	/

次の不定積分を求めよ。

① $\displaystyle\int \sqrt{x+1}\,dx$

② $\displaystyle\int \sqrt{2x-7}\,dx$

③ $\displaystyle\int \sqrt{4x-3}\,dx$

④ $\displaystyle\int \frac{dx}{\sqrt{x+1}}$

⑤ $\displaystyle\int \frac{dx}{\sqrt{2x+3}}$

⑥ $\displaystyle\int \frac{dx}{\sqrt{6x-1}}$

21 三角関数，指数関数の不定積分 ★

	1回目	2回目
	/	/

次の表の空欄を埋めよ。

$f(x)$	$\int f(x)dx$	$f(x)$	$\int f(x)dx$
$\sin x$	$-\cos x + C$	$a^x \begin{pmatrix} a>0 \\ a\neq 1 \end{pmatrix}$	❹ □ $+C$
$\cos x$	❶ □ $+C$	$-\sin x$	❺ □ $+C$
$\tan x$	$-\log\|\cos x\| + C$	$\dfrac{\cos x}{\sin x}$	❻ □ $+C$
$\dfrac{1}{\cos^2 x}$	❷ □ $+C$	e^{-x}	❼ □ $+C$
e^x	❸ □ $+C$		

22 三角関数，指数関数の不定積分 ★

	1回目	2回目
	/	/

次の不定積分を求めよ。

❶ $\displaystyle\int 2\cos x\,dx$

❷ $\displaystyle\int 3\sin x\,dx$

❸ $\displaystyle\int \frac{5}{\cos^2 x}dx$

❹ $\displaystyle\int(-4e^x)dx$

❺ $\displaystyle\int 2^x\,dx$

❻ $\displaystyle\int 3e^{-x}\,dx$

❼ $\displaystyle\int(-5\sin x)dx$

23 三角関数，指数関数の不定積分 ★

次の不定積分を求めよ。

❶ $\displaystyle\int \cos 2x \, dx$

❷ $\displaystyle\int \sin 3x \, dx$

❸ $\displaystyle\int \cos \frac{x}{2} \, dx$

❹ $\displaystyle\int \sin \frac{x}{3} \, dx$

❺ $\displaystyle\int e^{3x} \, dx$

❻ $\displaystyle\int e^{\frac{1}{2}x} \, dx$

❼ $\displaystyle\int 3^x \, dx$

24 三角関数，指数関数の不定積分 ★

次の不定積分を求めよ。

❶ $\displaystyle\int \sin(2x+1) \, dx$

❷ $\displaystyle\int \cos(3x-1) \, dx$

❸ $\displaystyle\int \sin(4x-5) \, dx$

❹ $\displaystyle\int \cos(3x+2) \, dx$

❺ $\displaystyle\int e^{x+3} \, dx$

❻ $\displaystyle\int e^{-x+2} \, dx$

❼ $\displaystyle\int e^{2x-1} \, dx$

❽ $\displaystyle\int e^{3x+5} \, dx$

25 三角関数，指数関数の不定積分 ★★

次の不定積分を求めよ。

❶ $\displaystyle\int \cos^2 x\,dx$

❷ $\displaystyle\int \sin^2 x\,dx$

❸ $\displaystyle\int \sin x \cos x\,dx$

❹ $\displaystyle\int (\sin x + \cos x)^2\,dx$

❺ $\displaystyle\int (\cos^2 x - \sin^2 x)\,dx$

26 三角関数，指数関数の不定積分 ★★

次の不定積分を求めよ。

❶ $\displaystyle\int \left(3\cos x - \frac{2}{\cos^2 x}\right)dx$

❷ $\displaystyle\int \tan^2 x\,dx$

❸ $\displaystyle\int \left(\sin\frac{x}{2} - \cos\frac{x}{2}\right)^2 dx$

❹ $\displaystyle\int \sin^2 x \cos^2 x\,dx$

❺ $\displaystyle\int \frac{1}{\tan^2 x}\,dx \quad \left[\left(\frac{\cos x}{\sin x}\right)' = -\frac{1}{\sin^2 x}\right]$

27 逆三角関数の不定積分 ★

1回目	2回目
／	／

次の表の空欄を埋めよ。$a>0$，$A \neq 0$とする。

$f(x)$	$\displaystyle\int f(x)dx$	$f(x)$	$\displaystyle\int f(x)dx$
$\dfrac{1}{\sqrt{a^2-x^2}}$	$\operatorname{Sin}^{-1}\dfrac{x}{a}+C$	$\dfrac{1}{x^2+1}$	❸ $\boxed{}+C$
$\dfrac{1}{x^2+a^2}$	❶ $\boxed{}+C$	$\dfrac{1}{\sqrt{1-x^2}}$	❹ $\boxed{}+C$
$\dfrac{1}{\sqrt{x^2+A}}$	❷ $\boxed{}+C$	$\dfrac{1}{\sqrt{x^2-1}}$	❺ $\boxed{}+C$

28 逆三角関数の不定積分 ★

1回目	2回目
／	／

次の不定積分を求めよ。

❶ $\displaystyle\int \dfrac{dx}{\sqrt{1-x^2}}$

❷ $\displaystyle\int \dfrac{dx}{\sqrt{4-x^2}}$

❸ $\displaystyle\int \dfrac{dx}{\sqrt{9-x^2}}$

❹ $\displaystyle\int \dfrac{dx}{x^2+1}$

❺ $\displaystyle\int \dfrac{dx}{x^2+4}$

❻ $\displaystyle\int \dfrac{dx}{\sqrt{x^2-3}}$

❼ $\displaystyle\int \dfrac{dx}{\sqrt{x^2+1}}$

㉙ 逆三角関数の不定積分　　　★

次の不定積分を求めよ。

❶ $\displaystyle\int \frac{dx}{\sqrt{2-x^2}}$

❷ $\displaystyle\int \frac{4}{\sqrt{3-x^2}}\,dx$

❸ $\displaystyle\int \frac{dx}{\sqrt{5-x^2}}$

❹ $\displaystyle\int \frac{dx}{x^2+2}$

❺ $\displaystyle\int \frac{dx}{x^2+3}$

❻ $\displaystyle\int \frac{dx}{x^2+5}$

❼ $\displaystyle\int \frac{dx}{\sqrt{x^2+4}}$

❽ $\displaystyle\int \frac{dx}{\sqrt{x^2-2}}$

㉚ 逆三角関数の不定積分　　　★★

次の不定積分を求めよ。

❶ $\displaystyle\int \frac{dx}{\sqrt{1-4x^2}}$

❷ $\displaystyle\int \frac{dx}{\sqrt{1-9x^2}}$

❸ $\displaystyle\int \frac{dx}{4x^2+1}$

❹ $\displaystyle\int \frac{dx}{9x^2+1}$

❺ $\displaystyle\int \frac{4}{\sqrt{2x^2-3}}\,dx$

❻ $\displaystyle\int \frac{5}{\sqrt{3x^2+1}}\,dx$

	1回目	2回目
	/	/

31 逆三角関数の不定積分　★★

次の不定積分を求めよ。

❶ $\displaystyle\int \frac{4}{\sqrt{3-x^2}}\,dx$

❷ $\displaystyle\int \frac{2}{\sqrt{1-9x^2}}\,dx$

❸ $\displaystyle\int \frac{3}{x^2+1}\,dx$

❹ $\displaystyle\int \frac{x^2}{x^2+1}\,dx$

❺ $\displaystyle\int \frac{x^2-1}{x^2+3}\,dx$

	1回目	2回目
	/	/

32 逆三角関数の不定積分　★★

次の不定積分を求めよ。

❶ $\displaystyle\int \frac{dx}{\sqrt{-x^2+2x}}$

❷ $\displaystyle\int \frac{dx}{\sqrt{-x^2+6x}}$

❸ $\displaystyle\int \frac{dx}{\sqrt{-x^2+4x+6}}$

❹ $\displaystyle\int \frac{dx}{x^2-x+1}$

❺ $\displaystyle\int \frac{dx}{x^2+4x+5}$

❻ $\displaystyle\int \frac{dx}{x^2+6x+11}$

◀ **33** 逆三角関数の不定積分 ★★

次の不定積分を求めよ。

❶ $\displaystyle\int \frac{dx}{\sqrt{x^2+2x+3}}$

❷ $\displaystyle\int \frac{dx}{\sqrt{x^2-4x-3}}$

❸ $\displaystyle\int \frac{dx}{\sqrt{x^2-5x+4}}$

❹ $\displaystyle\int \frac{dx}{\sqrt{(x-1)(x-2)}}$

❺ $\displaystyle\int \frac{dx}{\sqrt{4x^2-3x-1}}$

◀ **34** 部分分数分解を用いた不定積分 ★

次の空欄を埋めよ。

❶ $\displaystyle\frac{1}{x^2-1} = \frac{1}{\boxed{}}\left(\frac{1}{x-1}-\frac{1}{x+1}\right)$

❷ $\displaystyle\frac{1}{x^2-4} = \frac{1}{\boxed{}}\left(\frac{1}{x-2}-\frac{1}{\boxed{}}\right)$

❸ $\displaystyle\frac{1}{x^2+2x-3} = \frac{1}{\boxed{}}\left(\frac{1}{\boxed{}}-\frac{1}{x+3}\right)$

❹ $\displaystyle\frac{1}{x^2-x-6} = \frac{1}{\boxed{}}\left(\frac{1}{x-3}-\frac{1}{\boxed{}}\right)$

❺ $\displaystyle\frac{1}{x^2-4x-5} = \frac{1}{\boxed{}}\left(\frac{1}{\boxed{}}-\frac{1}{x+1}\right)$

1回目	2回目
／	／

35 部分分数分解を用いた不定積分 ★★

次の不定積分を求めよ。

❶ $\displaystyle\int \frac{dx}{x^2-1}$

❷ $\displaystyle\int \frac{dx}{x^2-4}$

❸ $\displaystyle\int \frac{dx}{x^2-2x-3}$

❹ $\displaystyle\int \frac{dx}{x^2+x-6}$

❺ $\displaystyle\int \frac{dx}{x^2+4x-5}$

❻ $\displaystyle\int \frac{dx}{x^2-7x+12}$

1回目	2回目
／	／

36 分母を微分すると分子になる関数の不定積分 ★

次の不定積分を求めよ。

❶ $\displaystyle\int \frac{2x}{x^2+3}dx$

❷ $\displaystyle\int \frac{2x+5}{x^2+5x}dx$

❸ $\displaystyle\int \frac{6x^2}{x^3+5}dx$

❹ $\displaystyle\int \frac{\sin x}{\cos x}dx$

❺ $\displaystyle\int \frac{e^x-e^{-x}}{e^x+e^{-x}}dx$

❻ $\displaystyle\int \frac{\cos x}{a+b\sin x}dx \quad (b \neq 0)$

37 有理関数の不定積分 ★

次の有理関数を部分分数に分解せよ。

① $\dfrac{-x+5}{(x-1)(x+1)}$

② $\dfrac{7x-5}{(x-3)(x+5)}$

③ $\dfrac{-2x-14}{x^2+2x-3}$

④ $\dfrac{4x+1}{x^2-5x+6}$

⑤ $\dfrac{3x-2}{x^2+x-2}$

38 有理関数の不定積分 ★

次の有理関数を部分分数に分解せよ。

① $\dfrac{2x-5}{(x-1)(x+1)}$

② $\dfrac{5x+3}{x^2-x-2}$

③ $\dfrac{-x+7}{x^2-7x+10}$

④ $\dfrac{x-3}{x^2+5x+4}$

39 有理関数の不定積分 ★

次の不定積分を求めよ。

❶ $\displaystyle\int \frac{8}{(x+2)(x+10)}dx$

❷ $\displaystyle\int \frac{3x}{x^2-x-2}dx$

❸ $\displaystyle\int \frac{x}{x^2-2x-3}dx$

❹ $\displaystyle\int \frac{x-7}{x^2-8x+15}dx$

40 有理関数の不定積分 ★

次の不定積分を求めよ。

❶ $\displaystyle\int \frac{dx}{x^2+6x+8}$

❷ $\displaystyle\int \frac{3x-1}{x^2+2x-3}dx$

❸ $\displaystyle\int \frac{7x+6}{x^2-3x+2}dx$

❹ $\displaystyle\int \frac{x^3-2}{x^2-x-2}dx$

◀ **41 有理関数の不定積分** ★

1回目	2回目
/	/

次の有理関数を部分分数に分解せよ。

❶ $\dfrac{3}{x(x^2+3)}$

❷ $\dfrac{4}{x^3+4x}$

❸ $\dfrac{2x+9}{x^3+3x}$

❹ $\dfrac{3x+4}{x^3+4x}$

◀ **42 有理関数の不定積分** ★

1回目	2回目
/	/

次の不定積分を求めよ。

❶ $\displaystyle\int\dfrac{3}{x(x^2+3)}dx$

❷ $\displaystyle\int\dfrac{4}{x^3+4x}dx$

❸ $\displaystyle\int\dfrac{2x+9}{x^3+3x}dx$

❹ $\displaystyle\int\dfrac{3x+4}{x^3+4x}dx$

43 有理関数の不定積分 ★★

次の不定積分を求めよ。

❶ $\displaystyle\int \frac{2x+3}{x^2+x+1}\,dx$

❷ $\displaystyle\int \frac{2x-3}{x^2+4x+5}\,dx$

❸ $\displaystyle\int \frac{4x-3}{x^2-x+1}\,dx$

44 有理関数の不定積分 ★★

次の不定積分を求めよ。

❶ $\displaystyle\int \frac{x+1}{x^2+x+1}\,dx$

❷ $\displaystyle\int \frac{x-1}{1+x-x^2}\,dx$

45 有理関数の不定積分 ★★

1回目	2回目
／	／

次の有理関数を部分分数に分解せよ。

❶ $\dfrac{1}{x^3-1}$

❷ $\dfrac{x}{x^3-1}$

❸ $\dfrac{1}{x^3+1}$

❹ $\dfrac{x^2+x+3}{(x-1)(x^2+4)}$

46 有理関数の不定積分 ★★

1回目	2回目
／	／

次の不定積分を求めよ。

❶ $\displaystyle\int \dfrac{dx}{x^3-1}$

❷ $\displaystyle\int \dfrac{x}{x^3-1}dx$

❸ $\displaystyle\int \dfrac{1}{x^3+1}dx$

❹ $\displaystyle\int \dfrac{x^2+x+3}{(x-1)(x^2+4)}dx$

47 有理関数の不定積分　★★

次の有理関数を部分分数に分解せよ。

1 $\dfrac{x^2+x-1}{x(x-2)(x+3)}$

2 $\dfrac{x^2+4x-2}{x(x-2)(x+2)}$

3 $\dfrac{x-1}{(x+1)^2}$

4 $\dfrac{x-2}{(x+2)^2}$

48 有理関数の不定積分　★★

次の不定積分を求めよ。

1 $\displaystyle\int \dfrac{x^2+x-1}{x(x-2)(x+3)}\,dx$

2 $\displaystyle\int \dfrac{x^2+4x-2}{x(x-2)(x+2)}\,dx$

3 $\displaystyle\int \dfrac{x-1}{(x+1)^2}\,dx$

4 $\displaystyle\int \dfrac{x-2}{(x+2)^2}\,dx$

49 有理関数の不定積分 ★★

次の有理関数を部分分数に分解せよ。

❶ $\dfrac{9}{x(x-3)^2}$

❷ $\dfrac{9}{x^2(x-3)}$

❸ $\dfrac{2x-5}{(x+3)(x+1)^2}$

❹ $\dfrac{3x+1}{(x-1)^2(x+3)}$

50 有理関数の不定積分 ★★

次の不定積分を求めよ。

❶ $\displaystyle\int \dfrac{9}{x(x-3)^2}\,dx$

❷ $\displaystyle\int \dfrac{9}{x^2(x-3)}\,dx$

❸ $\displaystyle\int \dfrac{2x-5}{(x+3)(x+1)^2}\,dx$

❹ $\displaystyle\int \dfrac{3x+1}{(x-1)^2(x+3)}\,dx$

51 有理関数の不定積分 ★★★

1回目	2回目
/	/

次の有理関数を部分分数に分解せよ。

1 $\dfrac{x^3+1}{x(x-1)^3}$

2 $\dfrac{3x^2+1}{x(x-1)^3}$

3 $\dfrac{1}{(x-2)^2(x-3)^3}$

52 有理関数の不定積分 ★★★

1回目	2回目
/	/

次の不定積分を求めよ。

1 $\displaystyle\int \dfrac{x^3+1}{x(x-1)^3}\,dx$

2 $\displaystyle\int \dfrac{3x^2+1}{x(x-1)^3}\,dx$

3 $\displaystyle\int \dfrac{dx}{(x-2)^2(x-3)^3}$

53 有理関数の不定積分 ★★★

1回目	2回目
/	/

次の有理関数を部分分数に分解せよ。

❶ $\dfrac{x^2}{x^4 + x^2 - 2}$

❷ $\dfrac{x^2}{(x-1)^2(x^2+1)}$

❸ $\dfrac{x-2}{(x-1)^2(x^2-x+1)}$

54 有理関数の不定積分 ★★★

1回目	2回目
/	/

次の不定積分を求めよ。

❶ $\displaystyle\int \dfrac{x^2}{x^4 + x^2 - 2}\,dx$

❷ $\displaystyle\int \dfrac{x^2}{(x-1)^2(x^2+1)}\,dx$

❸ $\displaystyle\int \dfrac{x-2}{(x-1)^2(x^2-x+1)}\,dx$

55 有理関数の不定積分 ★★★

次の有理関数を部分分数に分解せよ。

❶　$\dfrac{1}{1-x^4}$

❷　$\dfrac{1}{1-x^6}$

56 有理関数の不定積分 ★★★

次の不定積分を求めよ。

❶　$\displaystyle\int\dfrac{dx}{1-x^4}$

❷　$\displaystyle\int\dfrac{dx}{1-x^6}$

57 置換積分法による不定積分 ★

置換積分法によって次の不定積分を求めよ。

1 $\displaystyle\int \cos 2x\,dx$

2 $\displaystyle\int \sin 3x\,dx$

3 $\displaystyle\int \cos(3x+5)\,dx$

4 $\displaystyle\int \sin(4x-1)\,dx$

5 $\displaystyle\int e^{2x}\,dx$

6 $\displaystyle\int e^{-x}\,dx$

7 $\displaystyle\int \cos\frac{x}{3}\,dx$

8 $\displaystyle\int \sin\frac{x}{2}\,dx$

58 置換積分法による不定積分 ★

置換積分法によって次の不定積分を求めよ。

1 $\displaystyle\int \sin^2 x\cos x\,dx$

2 $\displaystyle\int \cos^2 x\sin x\,dx$

3 $\displaystyle\int \sin^3 x\,dx$

4 $\displaystyle\int \cos^5 x\,dx$

5 $\displaystyle\int xe^{x^2}\,dx$

6 $\displaystyle\int e^x(1+e^x)^2\,dx$

7 $\displaystyle\int \frac{\cos x}{a+b\sin x}\,dx$ （$b\neq 0$）

59 置換積分法による不定積分　★

置換積分法によって次の不定積分を求めよ。

❶ $\displaystyle\int \frac{x}{x^2+1}\,dx$

❷ $\displaystyle\int x\sqrt{x+1}\,dx$

❸ $\displaystyle\int \frac{x}{\left(x^2+1\right)^2}\,dx$

❹ $\displaystyle\int x\sqrt{1-x^2}\,dx$

❺ $\displaystyle\int \left(x^2+1\right)^2 x\,dx$

60 置換積分法による不定積分　★★

$\tan\dfrac{x}{2}=t$ と置換することによって次の不定積分を求めよ。

❶ $\displaystyle\int \frac{dx}{\sin x}$

❷ $\displaystyle\int \frac{dx}{1+\cos x}$

❸ $\displaystyle\int \frac{dx}{1+\cos x+\sin x}$

61 部分積分法による不定積分 ★

	1回目	2回目
	/	/

次の不定積分を求めよ。

1 $\displaystyle\int \log x \, dx$

2 $\displaystyle\int x \log x \, dx$

3 $\displaystyle\int x \cos x \, dx$

4 $\displaystyle\int x e^x \, dx$

5 $\displaystyle\int x^2 \log x \, dx$

6 $\displaystyle\int x^2 \sin x \, dx$

7 $\displaystyle\int (\log x)^2 \, dx$

62 部分積分法による不定積分 ★★

	1回目	2回目
	/	/

次の不定積分を求めよ。$A \neq 0$, $a > 0$ とする。

1 $\displaystyle\int \sqrt{a^2 - x^2} \, dx$

2 $\displaystyle\int \sqrt{x^2 + A} \, dx$

3 $\displaystyle\int \sqrt{1 - x^2} \, dx$

4 $\displaystyle\int \sqrt{x^2 + 1} \, dx$

	1回目	2回目

63 部分積分法による不定積分 ★★

次の不定積分を求めよ。

❶ $\displaystyle\int \mathrm{Sin}^{-1} x\, dx$

❷ $\displaystyle\int \mathrm{Tan}^{-1} x\, dx$

	1回目	2回目

64 部分積分法による不定積分 ★★

次の不定積分を求めよ。$a,\ b \neq 0$ とする。

❶ $\displaystyle\int e^{ax} \sin bx\, dx$

❷ $\displaystyle\int e^{ax} \cos bx\, dx$

	1回目	2回目

65 部分積分法による不定積分 ★★

次の問いに答えよ。nは0以上の整数とする。

❶ $I_n = \displaystyle\int \sin^n x\,dx$ とおくとき，I_n を I_{n-2} で表せ。

❷ I_0 を求めよ。

❸ I_1 を求めよ。

❹ I_2 を求めよ。

❺ I_3 を求めよ。

❻ I_4 を求めよ。

	1回目	2回目

66 部分積分法による不定積分 ★★

次の問いに答えよ。nは0以上の整数とする。

❶ $I_n = \displaystyle\int \cos^n x\,dx$ とおくとき，I_n を I_{n-2} で表せ。

❷ I_0 を求めよ。

❸ I_1 を求めよ。

❹ I_2 を求めよ。

❺ I_3 を求めよ。

❻ I_4 を求めよ。

1回目　2回目

67 部分積分法による不定積分 ★★

$I_n = \displaystyle\int \sin^n x\, dx$ とおくとき，次の問いに答えよ。

❶ I_{n-2} を I_n を用いて表せ。

❷ $\displaystyle\int \dfrac{dx}{\sin^3 x}$ を求めよ。

1回目　2回目

68 部分積分法による不定積分 ★★

$I_n = \displaystyle\int \cos^n x\, dx$ とおくとき，次の問いに答えよ。

❶ I_{n-2} を I_n を用いて表せ。

❷ $\displaystyle\int \dfrac{dx}{\cos^3 x}$ を求めよ。

69 部分積分法による不定積分 ★★

1回目	2回目
／	／

次の問いに答えよ。m, n は整数とする。

❶　$I(m,n) = \displaystyle\int \sin^m x \cos^n x\, dx$ とおくとき，$I(m,n)$ を $I(m,n-2)$ で表せ。

❷　$\displaystyle\int \sin^4 x \cos^2 x\, dx$ を求めよ。

70 部分積分法による不定積分 ★★

1回目	2回目
／	／

次の問いに答えよ。

❶　$I(m,n) = \displaystyle\int \sin^m x \cos^n x\, dx$ とおくとき，$I(m,n)$ を $I(m+2,n)$ で表せ。

❷　$\displaystyle\int \dfrac{\cos^4 x}{\sin^2 x}\, dx$ を求めよ。

71 部分積分法による不定積分 ★★　　1回目 ／　2回目 ／

$I_n = \displaystyle\int \frac{dx}{\left(x^2 + a^2\right)^n}$ 　$(a > 0, \ n \geqq 2)$ とおくとき，次の問いに答えよ。

❶ I_n を I_{n-1} で表せ。

❷ I_1 を求めよ。

❸ I_2 を求めよ。

72 部分積分法による不定積分 ★★　　1回目 ／　2回目 ／

$I_n = \displaystyle\int \left(\log x\right)^n dx$ とおくとき，次の問いに答えよ。

❶ I_n を I_{n-1} で表せ。

❷ I_1 を求めよ。

❸ I_2 を求めよ。

73 定積分

	1回目	2回目
	/	/

次の定積分の値を求めよ。

1 $\displaystyle\int_{1}^{5} dx$

2 $\displaystyle\int_{-2}^{4} x\,dx$

3 $\displaystyle\int_{-1}^{2} x^2\,dx$

4 $\displaystyle\int_{0}^{3} x^3\,dx$

5 $\displaystyle\int_{-2}^{1} 2x\,dx$

6 $\displaystyle\int_{-2}^{4} \left(-3x^2\right)dx$

7 $\displaystyle\int_{-3}^{3} 5x^3\,dx$

74 定積分

	1回目	2回目
	/	/

次の定積分の値を求めよ。

1 $\displaystyle\int_{-1}^{2} \left(3x^2 - 2x + 7\right)dx$

2 $\displaystyle\int_{-2}^{1} \left(4x^3 - 6x^2 + 4x - 1\right)dx$

3 $\displaystyle\int_{0}^{2} \left(5x^3 - 7x^2 + 4x - 8\right)dx$

4 $\displaystyle\int_{1}^{3} \left(-2x^2 - 3x + 6\right)dx$

75 定積分 ★

次の定積分の値を求めよ。

1 $\displaystyle\int_{1}^{2}\dfrac{dx}{x}$

2 $\displaystyle\int_{-3}^{-1}\dfrac{dx}{x^{2}}$

3 $\displaystyle\int_{1}^{3}\dfrac{2}{x^{3}}\,dx$

4 $\displaystyle\int_{-2}^{-1}\dfrac{3}{2x^{4}}\,dx$

5 $\displaystyle\int_{1}^{2}\left(\dfrac{1}{x}+\dfrac{1}{x^{2}}+\dfrac{1}{x^{3}}\right)dx$

6 $\displaystyle\int_{1}^{3}\left(\dfrac{2}{x}-\dfrac{3}{x^{2}}+\dfrac{4}{x^{3}}\right)dx$

76 定積分 ★

次の定積分の値を求めよ。

1 $\displaystyle\int_{1}^{3}\sqrt{x}\,dx$

2 $\displaystyle\int_{2}^{4}\dfrac{dx}{\sqrt{x}}$

3 $\displaystyle\int_{2}^{5}\sqrt[3]{x}\,dx$

4 $\displaystyle\int_{2}^{3}\left(\sqrt{x}+\dfrac{1}{\sqrt{x}}\right)dx$

5 $\displaystyle\int_{1}^{4}\left(x\sqrt{x}+\dfrac{1}{x\sqrt{x}}\right)dx$

77 定積分 ★

1回目	2回目
/	/

次の定積分の値を求めよ。

1 $\displaystyle\int_{\frac{\pi}{2}}^{\pi} \cos x \, dx$

2 $\displaystyle\int_{0}^{\frac{\pi}{2}} \sin x \, dx$

3 $\displaystyle\int_{0}^{1} \cos(3x+5) \, dx$

4 $\displaystyle\int_{0}^{\frac{\pi}{3}} \tan x \, dx$

5 $\displaystyle\int_{0}^{1} e^x \, dx$

6 $\displaystyle\int_{-1}^{1} e^{2x} \, dx$

78 定積分 ★

1回目	2回目
/	/

次の定積分の値を求めよ。

1 $\displaystyle\int_{-\frac{\pi}{4}}^{\frac{\pi}{4}} (\sin x + \cos x) \, dx$

2 $\displaystyle\int_{-1}^{1} (e^x - e^{-x}) \, dx$

3 $\displaystyle\int_{1}^{2} 3^x \, dx$

4 $\displaystyle\int_{0}^{\frac{\pi}{4}} \tan^2 x \, dx$

5 $\displaystyle\int_{1}^{2} \frac{4}{5x-1} \, dx$

6 $\displaystyle\int_{1}^{4} \left(\sqrt{x} + \frac{1}{\sqrt{x}}\right)^2 \, dx$

79 定積分 ★

次の定積分の値を求めよ。

1 $\displaystyle\int_{-1}^{1}\frac{dx}{\sqrt{2-x^2}}$

2 $\displaystyle\int_{0}^{1}\frac{dx}{1+x^2}$

3 $\displaystyle\int_{5}^{6}\frac{4}{x^2-16}\,dx$

4 $\displaystyle\int_{0}^{1}\frac{dx}{3x^2+1}$

5 $\displaystyle\int_{0}^{5}\frac{2}{x^2+5^2}\,dx$

80 置換積分法による定積分 ★★

置換積分法を用いて次の定積分の値を求めよ。

1 $\displaystyle\int_{1}^{2}(2x-3)^3\,dx$

2 $\displaystyle\int_{0}^{1}x(x^2-1)^4\,dx$

3 $\displaystyle\int_{0}^{1}\frac{x}{1+x^2}\,dx$

4 $\displaystyle\int_{0}^{1}x^2\sqrt{1-x}\,dx$

81 置換積分法による定積分 ★★

次の定積分の値を求めよ。

① $\displaystyle\int_1^2 \sqrt{3x-2}\,dx$

② $\displaystyle\int_0^2 \frac{x^2}{\sqrt{x^3+1}}\,dx$

③ $\displaystyle\int_0^1 \frac{dx}{(3x+2)^2}$

④ $\displaystyle\int_0^1 \frac{x}{\sqrt{1+x}}\,dx$

⑤ $\displaystyle\int_1^2 x\sqrt{x-1}\,dx$

82 置換積分法による定積分 ★★

次の定積分の値を求めよ。

① $\displaystyle\int_0^{\frac{\pi}{2}} \sin^4 x \cos x\,dx$

② $\displaystyle\int_0^{\frac{\pi}{4}} \cos^3 x \sin x\,dx$

③ $\displaystyle\int_1^2 x e^{x^2}\,dx$

④ $\displaystyle\int_{-1}^1 x^2 e^{x^3+5}\,dx$

⑤ $\displaystyle\int_1^e \frac{\log x}{x}\,dx$

⑥ $\displaystyle\int_e^{e^2} \frac{dx}{x \log x}$

83 置換積分法による定積分 ★★

次の定積分の値を求めよ。

❶ $\displaystyle\int_0^{\frac{\pi}{2}} \frac{\cos x}{1+\sin x}\,dx$

❷ $\displaystyle\int_0^{\frac{\pi}{4}} \cos^3 x\,dx$

❸ $\displaystyle\int_0^{\frac{\pi}{2}} \frac{dx}{4+5\cos x}$

❹ $\displaystyle\int_0^1 \frac{e^x}{e^x+e^{-x}}\,dx$

84 部分積分法による定積分 ★★

次の定積分の値を求めよ。

❶ $\displaystyle\int_0^2 xe^x\,dx$

❷ $\displaystyle\int_1^e \log x\,dx$

❸ $\displaystyle\int_0^{\frac{\pi}{2}} x\sin x\,dx$

❹ $\displaystyle\int_0^{\frac{\pi}{2}} x\cos x\,dx$

❺ $\displaystyle\int_0^1 x^2 e^x\,dx$

❻ $\displaystyle\int_0^{\pi} e^x\sin x\,dx$

85 部分積分法による定積分 ★★

次の定積分の値を求めよ。

❶ $\displaystyle\int_0^1 \mathrm{Sin}^{-1}x\,dx$

❷ $\displaystyle\int_0^1 \mathrm{Tan}^{-1}x\,dx$

❸ $\displaystyle\int_0^1 x\,\mathrm{Tan}^{-1}x\,dx$

86 部分積分法による定積分 ★★

次の定積分の公式を証明し，あとの問いに答えよ。n は0以上の整数とする。

$$I_n = \int_0^{\frac{\pi}{2}} \sin^n x\,dx = \begin{cases} \dfrac{n-1}{n}\cdot\dfrac{n-3}{n-2}\cdot\cdots\cdot\dfrac{3}{4}\cdot\dfrac{1}{2}\cdot\dfrac{\pi}{2} & (n：偶数) \\[2mm] \dfrac{n-1}{n}\cdot\dfrac{n-3}{n-2}\cdot\cdots\cdot\dfrac{4}{5}\cdot\dfrac{2}{3} & (n：奇数) \end{cases}$$

❶ $\displaystyle\int_0^{\frac{\pi}{2}} \sin^4 x\,dx$ を求めよ。

❷ $\displaystyle\int_0^{\frac{\pi}{2}} \sin^7 x\,dx$ を求めよ。

87 部分積分法による定積分　★★

n を0以上の整数とするとき，次の定積分の公式を証明し，あとの問い
に答えよ。

$$\int_0^{\frac{\pi}{2}} \cos^n x\,dx = \int_0^{\frac{\pi}{2}} \sin^n x\,dx$$

❶ $\displaystyle\int_0^{\frac{\pi}{2}} \cos^3 x\,dx$ を求めよ。

❷ $\displaystyle\int_0^{\frac{\pi}{2}} \cos^4 x\,dx$ を求めよ。

❸ $\displaystyle\int_0^{\frac{\pi}{2}} \sin^4 x \cos^2 x\,dx$ を求めよ。

88 部分積分法による定積分　★★

$\sin(\pi - x) = \sin x$ であることを用いて次の定積分の公式を証明し，あ
との問いに答えよ。

$$\int_{\frac{\pi}{2}}^{\pi} \sin^n x\,dx = \int_0^{\frac{\pi}{2}} \sin^n x\,dx$$

❶ $\displaystyle\int_{\frac{\pi}{2}}^{\pi} \sin^5 x\,dx$ の値を求めよ。

❷ $\displaystyle\int_0^{\pi} \sin^5 x\,dx$ の値を求めよ。

89 広義積分 ★★

次の積分が存在すれば求めよ。

❶ $\displaystyle\int_0^1 \frac{dx}{\sqrt{x}}$

❷ $\displaystyle\int_0^1 \frac{dx}{x}$

❸ $\displaystyle\int_{-1}^1 \frac{dx}{x^2}$

❹ $\displaystyle\int_0^1 \frac{dx}{\sqrt{1-x^2}}$

❺ $\displaystyle\int_{-1}^1 \frac{dx}{\sqrt{1-x^2}}$

90 広義積分 ★★

次の積分が存在すれば求めよ。

❶ $\displaystyle\int_0^1 \frac{dx}{x^3}$

❷ $\displaystyle\int_1^2 \frac{dx}{\sqrt{4-x^2}}$

❸ $\displaystyle\int_0^1 \frac{dx}{\sqrt{x(1-x)}}$

❹ $\displaystyle\int_a^b \frac{dx}{\sqrt{(x-a)(b-x)}} \quad (a<b)$

91 広義積分　★★

次の積分が存在すれば求めよ。

❶ $\displaystyle\int_1^{\infty} \dfrac{dx}{x}$

❷ $\displaystyle\int_1^{\infty} \dfrac{dx}{x^2}$

❸ $\displaystyle\int_1^{\infty} \dfrac{dx}{x^3}$

❹ $\displaystyle\int_0^{\infty} \cos x \, dx$

92 広義積分　★★

次の積分が存在すれば求めよ。

❶ $\displaystyle\int_0^{\infty} e^{-x} \, dx$

❷ $\displaystyle\int_0^{\infty} \dfrac{dx}{x^2+1}$

❸ $\displaystyle\int_{-\infty}^{\infty} \dfrac{dx}{x^2+1}$

❹ $\displaystyle\int_{-\infty}^{\infty} \dfrac{dx}{x^2+9}$

解答

$$\int_{-\infty}^{\infty} \frac{1}{1+x^2}dx.$$

$$= \lim_{\substack{R \to \infty \\ R' \to -\infty}} \int_{R'}^{R} \frac{1}{1+x^2}dx$$

$$= \pi$$

1 の解答

① x

② $\dfrac{1}{3}x^3$

③ $\dfrac{1}{4}x^4$

④ $\dfrac{1}{5}x^5$

⑤ $\dfrac{1}{7}x^7$

⑥ $\dfrac{1}{9}x^9$

⑦ $\dfrac{1}{12}x^{12}$

⑧ $\dfrac{1}{n+1}x^{n+1}$

2 の解答

C：積分定数

① $\displaystyle\int x\,dx = \dfrac{1}{2}x^2 + C$

② $\displaystyle\int 2x^3\,dx = 2\int x^3\,dx = 2\cdot\dfrac{1}{4}x^4 + C = \dfrac{1}{2}x^4 + C$

③ $\displaystyle\int dx = x + C$

④ $\displaystyle\int (-x)\,dx = -\int x\,dx = -\dfrac{1}{2}x^2 + C$

⑤ $\displaystyle\int \dfrac{1}{3}x^4\,dx = \dfrac{1}{3}\int x^4\,dx = \dfrac{1}{3}\cdot\dfrac{1}{5}x^5 + C = \dfrac{x^5}{15} + C$

⑥ $\displaystyle\int \dfrac{3}{5}x^2\,dx = \dfrac{3}{5}\int x^2\,dx = \dfrac{3}{5}\cdot\dfrac{1}{3}x^3 + C = \dfrac{1}{5}x^3 + C$

⑦ $\displaystyle\int \left(-\dfrac{3}{2}x^5\right)dx = -\dfrac{3}{2}\int x^5\,dx = -\dfrac{3}{2}\cdot\dfrac{1}{6}x^6 + C = -\dfrac{1}{4}x^6 + C$

⑧ $\displaystyle\int 6x^3\,dx = 6\int x^3\,dx = 6\cdot\dfrac{1}{4}x^4 + C = \dfrac{3}{2}x^4 + C$

③の解答

1 $\displaystyle\int\left(x^3+x^2+x+1\right)dx=\frac{1}{4}x^4+\frac{1}{3}x^3+\frac{1}{2}x^2+x+C$

2 $\displaystyle\int\left(3x^2+x+2\right)dx=x^3+\frac{1}{2}x^2+2x+C$

3 $\displaystyle\int\left(-2x^3+5x-3\right)dx=-\frac{1}{2}x^4+\frac{5}{2}x^2-3x+C$

4 $\displaystyle\int\left(\frac{1}{2}x^3+\frac{1}{3}x^2-\frac{1}{4}x+\frac{1}{5}\right)dx=\frac{1}{2}\cdot\frac{1}{4}x^4+\frac{1}{3}\cdot\frac{1}{3}x^3-\frac{1}{4}\cdot\frac{1}{2}x^2+\frac{1}{5}x+C$

$$=\frac{1}{8}x^4+\frac{1}{9}x^3-\frac{1}{8}x^2+\frac{1}{5}x+C$$

5 $\displaystyle\int(x+1)(x+3)dx=\int\left(x^2+4x+3\right)dx=\frac{1}{3}x^3+2x^2+3x+C$

6 $\displaystyle\int(2x-1)(x+2)dx=\int\left(2x^2+3x-2\right)dx=\frac{2}{3}x^3+\frac{3}{2}x^2-2x+C$

7 $\displaystyle\int(2t-3)(4t+1)dt=\int\left(8t^2-10t-3\right)dt=\frac{8}{3}t^3-5t^2-3t+C$

4 の解答

① $\displaystyle\int x(x-1)\,dx = \int \left(x^2 - x\right)dx = \frac{1}{3}x^3 - \frac{1}{2}x^2 + C$

② $\displaystyle\int \left(x^2 - 1\right)(x+5)\,dx = \int \left(x^3 + 5x^2 - x - 5\right)dx = \frac{1}{4}x^4 + \frac{5}{3}x^3 - \frac{1}{2}x^2 - 5x + C$

③ $\displaystyle\int (x-1)^2\,dx = \int \left(x^2 - 2x + 1\right)dx = \frac{1}{3}x^3 - x^2 + x + C$

④ $\displaystyle\int \left(x^2 + 3\right)^2\,dx = \int \left(x^4 + 6x^2 + 9\right)dx = \frac{1}{5}x^5 + 2x^3 + 9x + C$

⑤ $\displaystyle\int (x+2)^3\,dx = \int \left(x^3 + 6x^2 + 12x + 8\right)dx = \frac{1}{4}x^4 + 2x^3 + 6x^2 + 8x + C$

③は $\dfrac{1}{3}(x-1)^3 + C$ でもよい。⑤は $\dfrac{1}{4}(x+2)^4 + C$ でもよい。

5 の解答

① $\dfrac{1}{x} = x^{-1}$

② $\dfrac{1}{x^2} = x^{-2}$

③ $\dfrac{1}{x^3} = x^{-3}$

④ $\dfrac{2}{x} = 2\cdot\dfrac{1}{x} = 2x^{-1}$

⑤ $\dfrac{3}{x^2} = 3\cdot\dfrac{1}{x^2} = 3x^{-2}$

⑥ $-\dfrac{5}{x^2} = -5\cdot\dfrac{1}{x^2} = -5x^{-2}$

⑦ $-\dfrac{2}{x^3} = -2\cdot\dfrac{1}{x^3} = -2x^{-3}$

⑥の解答

❶ $\displaystyle\int \frac{1}{x}\,dx = \log|x| + C$

❷ $\displaystyle\int \frac{1}{x^2}\,dx = \int x^{-2}\,dx = \frac{1}{-2+1}x^{-2+1} + C = -x^{-1} + C = -\frac{1}{x} + C$

❸ $\displaystyle\int \frac{1}{x^4}\,dx = \int x^{-4}\,dx = \frac{1}{-4+1}x^{-4+1} + C = -\frac{1}{3}x^{-3} + C = -\frac{1}{3x^3} + C$

❹ $\displaystyle\int \left(-\frac{1}{x^2}\right)dx = -\int \frac{1}{x^2}\,dx = -\left(-\frac{1}{x}\right) + C = \frac{1}{x} + C$

❺ $\displaystyle\int \left(-\frac{1}{x^3}\right)dx = -\int \frac{1}{x^3}\,dx = -\left(-\frac{1}{2x^2}\right) + C = \frac{1}{2x^2} + C$

❻ $\displaystyle\int \left(-\frac{1}{x^4}\right)dx = -\int \frac{1}{x^4}\,dx = -\left(-\frac{1}{3x^3}\right) + C = \frac{1}{3x^3} + C$

❼ $\displaystyle\int \left(-\frac{1}{x^6}\right)dx = -\int \frac{1}{x^6}\,dx = -\left(-\frac{1}{5x^5}\right) + C = \frac{1}{5x^5} + C$

⑦の解答

❶ $\displaystyle\int \frac{dx}{x} = \log|x| + C$

❷ $\displaystyle\int \frac{3}{x^2}\,dx = 3\int \frac{dx}{x^2} = 3 \cdot \left(-\frac{1}{x}\right) + C = -\frac{3}{x} + C$

❸ $\displaystyle\int \left(-\frac{4}{x^2}\right)dx = -4\int \frac{dx}{x^2} = -4 \cdot \left(-\frac{1}{x}\right) + C = \frac{4}{x} + C$

❹ $\displaystyle\int \frac{dx}{5x^3} = \frac{1}{5}\int \frac{dx}{x^3} = \frac{1}{5} \cdot \left(-\frac{1}{2x^2}\right) + C = -\frac{1}{10x^2} + C$

❺ $\displaystyle\int \frac{3}{4x^2}\,dx = \frac{3}{4}\int \frac{dx}{x^2} = \frac{3}{4} \cdot \left(-\frac{1}{x}\right) + C = -\frac{3}{4x} + C$

❻ $\displaystyle\int \frac{4}{5x^2}\,dx = \frac{4}{5}\int \frac{dx}{x^2} = \frac{4}{5} \cdot \left(-\frac{1}{x}\right) + C = -\frac{4}{5x} + C$

❼ $\displaystyle\int \left(-\frac{3}{2x^4}\right)dx = -\frac{3}{2}\int \frac{dx}{x^4} = -\frac{3}{2} \cdot \left(-\frac{1}{3x^3}\right) + C = \frac{1}{2x^3} + C$

8 の解答

1 $\displaystyle\int\left(\frac{1}{x}+\frac{1}{x^2}+\frac{1}{x^3}\right)dx=\log|x|-\frac{1}{x}-\frac{1}{2x^2}+C$

2 $\displaystyle\int\left(-\frac{1}{x}-\frac{1}{x^2}+\frac{1}{x^3}\right)dx=-\log|x|+\frac{1}{x}-\frac{1}{2x^2}+C$

3 $\displaystyle\int\left(\frac{2}{x}+\frac{3}{x^2}-\frac{4}{x^3}\right)dx=2\log|x|+3\left(-\frac{1}{x}\right)-4\left(-\frac{1}{2x^2}\right)+C$

$\displaystyle\qquad\qquad\qquad\qquad\quad=2\log|x|-\frac{3}{x}+\frac{2}{x^2}+C$

4 $\displaystyle\int\left(\frac{5}{x}-\frac{4}{x^3}+\frac{5}{x^4}\right)dx=5\log|x|-4\left(-\frac{1}{2x^2}\right)+5\left(-\frac{1}{3x^3}\right)+C$

$\displaystyle\qquad\qquad\qquad\qquad\quad=5\log|x|+\frac{2}{x^2}-\frac{5}{3x^3}+C$

5 $\displaystyle\int\left(\frac{1}{2x}+\frac{1}{3x^2}+\frac{1}{4x^3}\right)dx=\frac{1}{2}\log|x|+\frac{1}{3}\left(-\frac{1}{x}\right)+\frac{1}{4}\left(-\frac{1}{2x^2}\right)+C$

$\displaystyle\qquad\qquad\qquad\qquad\quad=\frac{1}{2}\log|x|-\frac{1}{3x}-\frac{1}{8x^2}+C$

6 $\displaystyle\int\left(\frac{2}{3x}+\frac{3}{4x^2}-\frac{2}{5x^3}\right)dx=\frac{2}{3}\log|x|+\frac{3}{4}\left(-\frac{1}{x}\right)-\frac{2}{5}\left(-\frac{1}{2x^2}\right)+C$

$\displaystyle\qquad\qquad\qquad\qquad\quad=\frac{2}{3}\log|x|-\frac{3}{4x}+\frac{1}{5x^2}+C$

⑨の解答

① $\displaystyle\int \frac{x-2}{x}\,dx = \int\left(1-\frac{2}{x}\right)dx = x - 2\log|x| + C$

② $\displaystyle\int \frac{4x^2-3x+1}{x}\,dx = \int\left(4x-3+\frac{1}{x}\right)dx = 2x^2 - 3x + \log|x| + C$

③ $\displaystyle\int \frac{\left(x^2-1\right)\left(x^2+3\right)}{x^3}\,dx = \int \frac{x^4+2x^2-3}{x^3}\,dx = \int\left(x+\frac{2}{x}-\frac{3}{x^3}\right)dx$

$\displaystyle\qquad = \frac{1}{2}x^2 + 2\log|x| + \frac{3}{2x^2} + C$

④ $\displaystyle\int \frac{\left(x+1\right)^2}{x}\,dx = \int \frac{x^2+2x+1}{x}\,dx = \int\left(x+2+\frac{1}{x}\right)dx$

$\displaystyle\qquad = \frac{1}{2}x^2 + 2x + \log|x| + C$

⑤ $\displaystyle\int\left(x-\frac{1}{x}\right)^3 dx = \int\left(x^3-3x+\frac{3}{x}-\frac{1}{x^3}\right)dx = \frac{1}{4}x^4 - \frac{3}{2}x^2 + 3\log|x| + \frac{1}{2x^2} + C$

10 の解答

1 $\displaystyle\int x^2(x-2)^2\,dx = \int x^2(x^2-4x+4)\,dx$

$\displaystyle = \int(x^4-4x^3+4x^2)\,dx = \frac{1}{5}x^5 - x^4 + \frac{4}{3}x^3 + C$

2 $\displaystyle\int(x+1)^2(x-1)^2\,dx = \int\{(x+1)(x-1)\}^2\,dx = \int(x^2-1)^2\,dx$

$\displaystyle = \int(x^4-2x^2+1)\,dx = \frac{1}{5}x^5 - \frac{2}{3}x^3 + x + C$

3 $\displaystyle\int\frac{x^3-5x^2-x+3}{x^2}\,dx = \int\left(x-5-\frac{1}{x}+\frac{3}{x^2}\right)dx$

$\displaystyle = \frac{1}{2}x^2 - 5x - \log|x| - \frac{3}{x} + C$

4 $\displaystyle\int\frac{(x^2+1)^2}{x^3}\,dx = \int\frac{x^4+2x^2+1}{x^3}\,dx = \int\left(x+\frac{2}{x}+\frac{1}{x^3}\right)dx$

$\displaystyle = \frac{1}{2}x^2 + 2\log|x| - \frac{1}{2x^2} + C$

5 $\displaystyle\int\frac{(x+1)^3}{x}\,dx = \int\frac{x^3+3x^2+3x+1}{x}\,dx = \int\left(x^2+3x+3+\frac{1}{x}\right)dx$

$\displaystyle = \frac{1}{3}x^3 + \frac{3}{2}x^2 + 3x + \log|x| + C$

11 の解答

1 $\sqrt{x} = x^{\frac{1}{2}}$

2 $\sqrt[3]{x} = x^{\frac{1}{3}}$

3 $\sqrt[3]{x^2} = x^{\frac{2}{3}}$

4 $x\sqrt{x} = x^1\cdot x^{\frac{1}{2}} = x^{1+\frac{1}{2}} = x^{\frac{3}{2}}$

5 $x^2\sqrt{x} = x^2\cdot x^{\frac{1}{2}} = x^{2+\frac{1}{2}} = x^{\frac{5}{2}}$

6 $\dfrac{1}{\sqrt{x}} = \dfrac{1}{x^{\frac{1}{2}}} = x^{-\frac{1}{2}}$

7 $\dfrac{1}{\sqrt[3]{x}} = \dfrac{1}{x^{\frac{1}{3}}} = x^{-\frac{1}{3}}$

8 $\dfrac{1}{x^2\sqrt{x}} = \dfrac{1}{x^{\frac{5}{2}}} = x^{-\frac{5}{2}}$

12 の解答

❶ $\displaystyle\int \sqrt{x}\, dx = \int x^{\frac{1}{2}}\, dx = \frac{1}{\frac{1}{2}+1} x^{\frac{1}{2}+1} + C = \frac{2}{3} x^{\frac{3}{2}} + C = \boldsymbol{\frac{2}{3} x\sqrt{x}} + \boldsymbol{C}$

❷ $\displaystyle\int \sqrt[3]{x}\, dx = \int x^{\frac{1}{3}}\, dx = \frac{1}{\frac{1}{3}+1} x^{\frac{1}{3}+1} + C = \frac{3}{4} x^{\frac{4}{3}} + C = \boldsymbol{\frac{3}{4} x\, \sqrt[3]{x}} + \boldsymbol{C}$

❸ $\displaystyle\int \sqrt[3]{x^2}\, dx = \int x^{\frac{2}{3}}\, dx = \frac{1}{\frac{2}{3}+1} x^{\frac{2}{3}+1} + C = \frac{3}{5} x^{\frac{5}{3}} + C = \boldsymbol{\frac{3}{5} x\, \sqrt[3]{x^2}} + \boldsymbol{C}$

❹ $\displaystyle\int x\sqrt{x}\, dx = \int x^{\frac{3}{2}}\, dx = \frac{2}{5} x^{\frac{5}{2}} + C = \boldsymbol{\frac{2}{5} x^2\sqrt{x}} + \boldsymbol{C}$

❺ $\displaystyle\int x^2\sqrt{x}\, dx = \int x^{\frac{5}{2}}\, dx = \frac{2}{7} x^{\frac{7}{2}} + C = \boldsymbol{\frac{2}{7} x^3\sqrt{x}} + \boldsymbol{C}$

❻ $\displaystyle\int \frac{1}{\sqrt{x}}\, dx = \int x^{-\frac{1}{2}}\, dx = 2x^{\frac{1}{2}} + C = \boldsymbol{2\sqrt{x}} + \boldsymbol{C}$

❼ $\displaystyle\int \frac{1}{\sqrt[3]{x}}\, dx = \int x^{-\frac{1}{3}}\, dx = \frac{3}{2} x^{\frac{2}{3}} + C = \boldsymbol{\frac{3}{2} \sqrt[3]{x^2}} + \boldsymbol{C}$

❽ $\displaystyle\int \frac{1}{x^2\sqrt{x}}\, dx = \int x^{-\frac{5}{2}}\, dx = -\frac{2}{3} x^{-\frac{3}{2}} + C = \boldsymbol{-\frac{2}{3x\sqrt{x}}} + \boldsymbol{C}$

13 の解答

❶ $\displaystyle\int \sqrt{x}\,dx = \int x^{\frac{1}{2}}\,dx = \frac{2}{3}x^{\frac{3}{2}} + C = \boldsymbol{\frac{2}{3}x\sqrt{x}} + \boldsymbol{C}$

❷ $\displaystyle\int 3x\sqrt{x}\,dx = 3\int x\sqrt{x}\,dx = 3\int x^{\frac{3}{2}}\,dx = 3\cdot\frac{2}{5}x^{\frac{5}{2}} + C = \boldsymbol{\frac{6}{5}x^2\sqrt{x}} + \boldsymbol{C}$

❸ $\displaystyle\int \frac{2}{\sqrt{x}}\,dx = 2\int \frac{1}{\sqrt{x}}\,dx = 2\int x^{-\frac{1}{2}}\,dx = 2\cdot 2x^{\frac{1}{2}} + C = \boldsymbol{4\sqrt{x}} + \boldsymbol{C}$

❹ $\displaystyle\int \left(-\sqrt{x}\right)dx = -\int \sqrt{x}\,dx = -\int x^{\frac{1}{2}}\,dx = -\frac{2}{3}x^{\frac{3}{2}} + C = \boldsymbol{-\frac{2}{3}x\sqrt{x}} + \boldsymbol{C}$

❺ $\displaystyle\int \left(-\frac{3}{\sqrt{x}}\right)dx = -3\int \frac{1}{\sqrt{x}}\,dx = -3\int x^{-\frac{1}{2}}\,dx = -3\cdot 2x^{\frac{1}{2}} + C = \boldsymbol{-6\sqrt{x}} + \boldsymbol{C}$

❻ $\displaystyle\int 4\sqrt[3]{x}\,dx = 4\int \sqrt[3]{x}\,dx = 4\int x^{\frac{1}{3}}\,dx = 4\cdot\frac{3}{4}x^{\frac{4}{3}} + C = \boldsymbol{3x\,\sqrt[3]{x}} + \boldsymbol{C}$

❼ $\displaystyle\int \left(-2\sqrt[3]{x^2}\right)dx = -2\int \sqrt[3]{x^2}\,dx = -2\int x^{\frac{2}{3}}\,dx = -2\cdot\frac{3}{5}x^{\frac{5}{3}} + C = \boldsymbol{-\frac{6}{5}x\,\sqrt[3]{x^2}} + \boldsymbol{C}$

14 の解答

❶ $\displaystyle\int\left(\sqrt{x}+\sqrt[3]{x}+\sqrt[3]{x^2}\right)dx=\int\left(x^{\frac{1}{2}}+x^{\frac{1}{3}}+x^{\frac{2}{3}}\right)dx=\frac{2}{3}x^{\frac{3}{2}}+\frac{3}{4}x^{\frac{4}{3}}+\frac{3}{5}x^{\frac{5}{3}}+C$

$$=\frac{2}{3}x\sqrt{x}+\frac{3}{4}x\sqrt[3]{x}+\frac{3}{5}x\sqrt[3]{x^2}+C$$

❷ $\displaystyle\int\left(\sqrt{x}+x^2\sqrt{x}-x^3\sqrt{x}\right)dx=\int\left(x^{\frac{1}{2}}+x^{\frac{5}{2}}-x^{\frac{7}{2}}\right)dx=\frac{2}{3}x^{\frac{3}{2}}+\frac{2}{7}x^{\frac{7}{2}}-\frac{2}{9}x^{\frac{9}{2}}+C$

$$=\frac{2}{3}x\sqrt{x}+\frac{2}{7}x^3\sqrt{x}-\frac{2}{9}x^4\sqrt{x}+C$$

❸ $\displaystyle\int\left(\frac{2}{\sqrt{x}}-x\sqrt{x}+\frac{3}{x\sqrt{x}}\right)dx=\int\left(2x^{-\frac{1}{2}}-x^{\frac{3}{2}}+3x^{-\frac{3}{2}}\right)dx$

$$=2\cdot2x^{\frac{1}{2}}-\frac{2}{5}x^{\frac{5}{2}}+3\cdot(-2)\cdot x^{-\frac{1}{2}}+C$$

$$=4\sqrt{x}-\frac{2}{5}x^2\sqrt{x}-\frac{6}{\sqrt{x}}+C$$

❹ $\displaystyle\int\left(\sqrt[3]{x}+\frac{1}{2\sqrt[3]{x}}-\frac{2}{3\sqrt[3]{x^2}}\right)dx=\int\left(x^{\frac{1}{3}}+\frac{1}{2}x^{-\frac{1}{3}}-\frac{2}{3}x^{-\frac{2}{3}}\right)dx$

$$=\frac{3}{4}x^{\frac{4}{3}}+\frac{1}{2}\cdot\frac{3}{2}x^{\frac{2}{3}}-\frac{2}{3}\cdot3\cdot x^{\frac{1}{3}}+C$$

$$=\frac{3}{4}x\sqrt{x}+\frac{3}{4}\sqrt[3]{x^2}-2\sqrt[3]{x}+C$$

❺ $\displaystyle\int\left(\frac{2}{x\sqrt{x}}-\frac{3}{x^2\sqrt{x}}\right)dx=\int\left(2x^{-\frac{3}{2}}-3x^{-\frac{5}{2}}\right)dx$

$$=2(-2)\cdot x^{-\frac{1}{2}}-3\left(-\frac{2}{3}\right)x^{-\frac{3}{2}}+C=-\frac{4}{\sqrt{x}}+\frac{2}{x\sqrt{x}}+C$$

15 の解答

❶ $\displaystyle\int\left(\sqrt{x}+\frac{1}{\sqrt{x}}\right)^2 dx = \int\left(x+2+\frac{1}{x}\right)dx = \frac{1}{2}x^2 + 2x + \log x + C$

❷ $\displaystyle\int\frac{x+1}{\sqrt{x}}dx = \int x^{-\frac{1}{2}}(x+1)dx = \int\left(x^{\frac{1}{2}}+x^{-\frac{1}{2}}\right)dx = \frac{2}{3}x^{\frac{3}{2}} + 2x^{\frac{1}{2}} + C$

$\displaystyle\qquad = \frac{2}{3}x\sqrt{x} + 2\sqrt{x} + C$

❸ $\displaystyle\int\frac{(\sqrt{x}+1)^2}{x}dx = \int\frac{x+2\sqrt{x}+1}{x}dx = \int\left(1+2x^{-\frac{1}{2}}+\frac{1}{x}\right)dx$

$\displaystyle\qquad = x + 2\cdot 2\cdot x^{\frac{1}{2}} + \log x + C = x + 4\sqrt{x} + \log x + C$

❹ $\displaystyle\int\left(\sqrt{x}-\frac{1}{\sqrt{x}}\right)^3 dx = \int\left(x^{\frac{1}{2}}-x^{-\frac{1}{2}}\right)^3 dx$

$\displaystyle\qquad = \int\left(x^{\frac{3}{2}}-3\cdot x^1 \cdot x^{-\frac{1}{2}}+3\cdot x^{\frac{1}{2}}\cdot x^{-1}-x^{-\frac{3}{2}}\right)dx$

$\displaystyle\qquad = \int\left(x^{\frac{3}{2}}-3x^{\frac{1}{2}}+3x^{-\frac{1}{2}}-x^{-\frac{3}{2}}\right)dx$

$\displaystyle\qquad = \frac{2}{5}x^{\frac{5}{2}}-3\cdot\frac{2}{3}\cdot x^{\frac{3}{2}}+3\cdot 2\cdot x^{\frac{1}{2}}-(-2)\cdot x^{-\frac{1}{2}}+C$

$\displaystyle\qquad = \frac{2}{5}x^2\sqrt{x}-2x\sqrt{x}+6\sqrt{x}+\frac{2}{\sqrt{x}}+C$

⑯の解答

❶ $\displaystyle \int\left(\sqrt[3]{x^2}+\frac{3}{x\sqrt{x}}+\frac{2}{x}\right)dx=\int\left(x^{\frac{2}{3}}+3x^{-\frac{3}{2}}+\frac{2}{x}\right)dx$

$\displaystyle =\frac{3}{5}x^{\frac{5}{3}}+3\times(-2)\times x^{-\frac{1}{2}}+2\log x+C$

$\displaystyle =\frac{3}{5}x\sqrt[3]{x^2}-\frac{6}{\sqrt{x}}+2\log x+C$

❷ $\displaystyle \int\left(x-\frac{1}{\sqrt{x}}\right)^2dx=\int\left(x^2-2\sqrt{x}+\frac{1}{x}\right)dx=\int\left(x^2-2x^{\frac{1}{2}}+\frac{1}{x}\right)dx$

$\displaystyle =\frac{1}{3}x^3-\frac{4}{3}x^{\frac{3}{2}}+\log x+C=\frac{1}{3}x^3-\frac{4}{3}x\sqrt{x}+\log x+C$

❸ $\displaystyle \int\left(\sqrt{x}+\frac{1}{\sqrt{x}}\right)^3dx=\int\left(x^{\frac{1}{2}}+x^{-\frac{1}{2}}\right)^3dx=\int\left(x^{\frac{3}{2}}+3x^{\frac{1}{2}}+3x^{-\frac{1}{2}}+x^{-\frac{3}{2}}\right)dx$

$\displaystyle =\frac{2}{5}x^{\frac{5}{2}}+3\cdot\frac{2}{3}\cdot x^{\frac{3}{2}}+3\cdot 2\cdot x^{\frac{1}{2}}+(-2)\cdot x^{-\frac{1}{2}}+C$

$\displaystyle =\frac{2}{5}x^2\sqrt{x}+2x\sqrt{x}+6\sqrt{x}-\frac{2}{\sqrt{x}}+C$

❹ $\displaystyle \int\frac{2x^3-4x^2+1}{\sqrt{x}}dx=\int x^{-\frac{1}{2}}\left(2x^3-4x^2+1\right)dx=\int\left(2x^{\frac{5}{2}}-4x^{\frac{3}{2}}+x^{-\frac{1}{2}}\right)dx$

$\displaystyle =2\cdot\frac{2}{7}x^{\frac{7}{2}}-4\cdot\frac{2}{5}x^{\frac{5}{2}}+2x^{\frac{1}{2}}+C$

$\displaystyle =\frac{4}{7}x^3\sqrt{x}-\frac{8}{5}x^2\sqrt{x}+2\sqrt{x}+C$

17 の解答

1 $\displaystyle\int (x+3)^3\,dx = \frac{1}{4}(x+3)^4 + C$

2 $\displaystyle\int (-x+8)^4\,dx = \frac{1}{(-1)\cdot 5}(-x+8)^5 + C = -\frac{1}{5}(-x+8)^5 + C$

3 $\displaystyle\int (3x+2)^2\,dx = \frac{1}{3\cdot 3}(3x+2)^3 + C = \frac{1}{9}(3x+2)^3 + C$

4 $\displaystyle\int (2x-5)^3\,dx = \frac{1}{2\cdot 4}(2x-5)^4 + C = \frac{1}{8}(2x-5)^4 + C$

5 $\displaystyle\int (-2x+7)^6\,dx = \frac{1}{(-2)\cdot 7}(-2x+7)^7 + C = -\frac{1}{14}(-2x+7)^7 + C$

6 $\displaystyle\int (-4x+1)^3\,dx = \frac{1}{(-4)\cdot 4}(-4x+1)^4 + C = -\frac{1}{16}(-4x+1)^4 + C$

7 $\displaystyle\int (5x-7)^4\,dx = \frac{1}{5\cdot 5}(5x-7)^5 + C = \frac{1}{25}(5x-7)^5 + C$

8 $\displaystyle\int (-2x+9)^5\,dx = \frac{1}{(-2)\cdot 6}(-2x+9)^6 + C = -\frac{1}{12}(-2x+9)^6 + C$

18 の解答

1 $\displaystyle\int \frac{dx}{x+1} = \log|x+1| + C$

2 $\displaystyle\int \frac{dx}{x-3} = \log|x-3| + C$

3 $\displaystyle\int \frac{dx}{2x+1} = \frac{1}{2}\log|2x+1| + C$

4 $\displaystyle\int \frac{dx}{3x-5} = \frac{1}{3}\log|3x-5| + C$

5 $\displaystyle\int \frac{dx}{-x+3} = -\int \frac{dx}{x-3} = -\log|x-3| + C$

6 $\displaystyle\int \frac{dx}{-2x+5} = -\int \frac{dx}{2x-5} = -\frac{1}{2}\log|2x-5| + C$

7 $\displaystyle\int \frac{dx}{-5x-2} = -\int \frac{dx}{5x+2} = -\frac{1}{5}\log|5x+2| + C$

> **5** は $-\log|-x+3| + C$ でもよい。
>
> **6** は $-\dfrac{1}{2}\log|-2x+5| + C$ でもよい。
>
> **7** は $-\dfrac{1}{5}\log|-5x-2| + C$ でもよい。

19 の解答

❶ $\displaystyle\int \frac{dx}{(x+1)^2} = \int (x+1)^{-2}\,dx = \frac{1}{-2+1}(x+1)^{-2+1}+C = -(x+1)^{-1}+C$

$$= -\frac{1}{x+1}+C$$

❷ $\displaystyle\int \frac{dx}{(x-3)^2} = \int (x-3)^{-2}\,dx = \frac{1}{-2+1}(x-3)^{-2+1}+C = -(x-3)^{-1}+C$

$$= -\frac{1}{x-3}+C$$

❸ $\displaystyle\int \frac{dx}{(2x-3)^3} = \int (2x-3)^{-3}\,dx = \frac{1}{2(-2)}(2x-3)^{-2}+C$

$$= -\frac{1}{4(2x-3)^2}+C$$

❹ $\displaystyle\int \frac{dx}{(3x+1)^4} = \int (3x+1)^{-4}\,dx = \frac{1}{3(-3)}(3x+1)^{-3}+C$

$$= -\frac{1}{9(3x+1)^3}+C$$

❺ $\displaystyle\int \frac{dx}{(-x+7)^5} = \int (-x+7)^{-5}\,dx = \frac{1}{(-1)(-4)}(-x+7)^{-4}+C$

$$= \frac{1}{4(-x+7)^4}+C$$

❻ $\displaystyle\int \frac{dx}{(-4x+3)^6} = \int (-4x+3)^{-6}\,dx = \frac{1}{(-4)(-5)}(-4x+3)^{-5}+C$

$$= \frac{1}{20(-4x+3)^5}+C$$

⑳の解答

❶ $\displaystyle\int \sqrt{x+1}\,dx = \int (x+1)^{\frac{1}{2}}\,dx = \dfrac{1}{\frac{1}{2}+1}(x+1)^{\frac{1}{2}+1}+C = \dfrac{2}{3}(x+1)^{\frac{3}{2}}+C$

$\qquad = \dfrac{2}{3}(x+1)\sqrt{x+1}+C$

❷ $\displaystyle\int \sqrt{2x-7}\,dx = \int (2x-7)^{\frac{1}{2}}\,dx = \dfrac{1}{2\left(\frac{1}{2}+1\right)}(2x-7)^{\frac{1}{2}+1}+C = \dfrac{1}{3}(2x-7)^{\frac{3}{2}}+C$

$\qquad = \dfrac{1}{3}(2x-7)\sqrt{2x-7}+C$

❸ $\displaystyle\int \sqrt{4x-3}\,dx = \int (4x-3)^{\frac{1}{2}}\,dx = \dfrac{1}{4\left(\frac{1}{2}+1\right)}(4x-3)^{\frac{1}{2}+1}+C = \dfrac{1}{6}(4x-3)^{\frac{3}{2}}+C$

$\qquad = \dfrac{1}{6}(4x-3)\sqrt{4x-3}+C$

❹ $\displaystyle\int \dfrac{dx}{\sqrt{x+1}} = \int (x+1)^{-\frac{1}{2}}\,dx = \dfrac{1}{-\frac{1}{2}+1}(x+1)^{-\frac{1}{2}+1}+C = 2(x+1)^{\frac{1}{2}}+C$

$\qquad = 2\sqrt{x+1}+C$

❺ $\displaystyle\int \dfrac{dx}{\sqrt{2x+3}} = \int (2x+3)^{-\frac{1}{2}}\,dx = \dfrac{1}{2\left(-\frac{1}{2}+1\right)}(2x+3)^{-\frac{1}{2}+1}+C = (2x+3)^{\frac{1}{2}}+C$

$\qquad = \sqrt{2x+3}+C$

❻ $\displaystyle\int \dfrac{dx}{\sqrt{6x-1}} = \int (6x-1)^{-\frac{1}{2}}\,dx = \dfrac{1}{6\left(-\frac{1}{2}+1\right)}(6x-1)^{-\frac{1}{2}+1}+C$

$\qquad = \dfrac{1}{3}\sqrt{6x-1}+C$

21 の解答

① $\sin x$

② $\tan x$

③ e^x

④ $\dfrac{a^x}{\log a}$

⑤ $\cos x$

⑥ $\log|\sin x|$

⑦ $-e^{-x}$

22 の解答

① $\displaystyle\int 2\cos x\,dx = 2\int \cos x\,dx = \boldsymbol{2\sin x + C}$

② $\displaystyle\int 3\sin x\,dx = 3\int \sin x\,dx = 3(-\cos x)+C = \boldsymbol{-3\cos x + C}$

③ $\displaystyle\int \frac{5}{\cos^2 x}\,dx = 5\int \frac{dx}{\cos^2 x} = \boldsymbol{5\tan x + C}$

④ $\displaystyle\int (-4e^x)\,dx = -4\int e^x\,dx = \boldsymbol{-4e^x + C}$

⑤ $\displaystyle\int 2^x\,dx = \boldsymbol{\dfrac{2^x}{\log 2} + C}$

⑥ $\displaystyle\int 3e^{-x}\,dx = 3\int e^{-x}\,dx = \boldsymbol{-3e^{-x} - C}$

⑦ $\displaystyle\int (-5\sin x)\,dx = -5\int \sin x\,dx = -5(-\cos x)+C = \boldsymbol{5\cos x + C}$

23 の解答

❶ $\displaystyle\int \cos 2x\, dx = \frac{1}{2}\sin 2x + C$

❷ $\displaystyle\int \sin 3x\, dx = -\frac{1}{3}\cos 3x + C$

❸ $\displaystyle\int \cos\frac{x}{2}\, dx = 2\sin\frac{x}{2} + C$

❹ $\displaystyle\int \sin\frac{x}{3}\, dx = -3\cos\frac{x}{3} + C$

❺ $\displaystyle\int e^{3x}\, dx = \frac{1}{3}e^{3x} + C$

❻ $\displaystyle\int e^{\frac{1}{2}x}\, dx = 2e^{\frac{1}{2}x} + C$

❼ $\displaystyle\int 3^x\, dx = \frac{3^x}{\log 3}\, dx$

24 の解答

❶ $\displaystyle\int \sin(2x+1)\, dx = -\frac{1}{2}\cos(2x+1) + C$

❷ $\displaystyle\int \cos(3x-1)\, dx = \frac{1}{3}\sin(3x-1) + C$

❸ $\displaystyle\int \sin(4x-5)\, dx = -\frac{1}{4}\cos(4x-5) + C$

❹ $\displaystyle\int \cos(3x+2)\, dx = \frac{1}{3}\sin(3x+2) + C$

❺ $\displaystyle\int e^{x+3}\, dx = e^{x+3} + C$

❻ $\displaystyle\int e^{-x+2}\, dx = -e^{-x+2} + C$

❼ $\displaystyle\int e^{2x-1}\, dx = \frac{1}{2}e^{2x-1} + C$

❽ $\displaystyle\int e^{3x+5}\, dx = \frac{1}{3}e^{3x+5} + C$

25 の解答

21
∫
30

❶ $\displaystyle\int \cos^2 x\, dx = \int \frac{1+\cos 2x}{2}\, dx = \frac{1}{2}\int (1+\cos 2x)\, dx = \frac{1}{2}\left(x + \frac{1}{2}\sin 2x\right) + C$

$\displaystyle = \frac{x}{2} + \frac{1}{4}\sin 2x + C$

❷ $\displaystyle\int \sin^2 x\, dx = \int \frac{1-\cos 2x}{2}\, dx = \frac{1}{2}\int (1-\cos 2x)\, dx = \frac{1}{2}\left(x - \frac{1}{2}\sin 2x\right) + C$

$\displaystyle = \frac{x}{2} - \frac{1}{4}\sin 2x + C$

❸ $\displaystyle\int \sin x \cos x\, dx = \int \frac{1}{2}\sin 2x\, dx = \frac{1}{2}\int \sin 2x\, dx = \frac{1}{2}\left(-\frac{1}{2}\cos 2x\right) + C$

$\displaystyle = -\frac{1}{4}\cos 2x + C$

❹ $\displaystyle\int (\sin x + \cos x)^2\, dx = \int (\sin^2 x + 2\sin x \cos x + \cos^2 x)\, dx = \int (1 + \sin 2x)\, dx$

$\displaystyle = x - \frac{1}{2}\cos 2x + C$

❺ $\displaystyle\int (\cos^2 x - \sin^2 x)\, dx = \int \cos 2x\, dx = \frac{1}{2}\sin 2x + C$

26 の解答

❶ $\displaystyle\int\left(3\cos x-\frac{2}{\cos^2 x}\right)dx=3\int\cos x\,dx-2\int\frac{dx}{\cos^2 x}=3\sin x-2\tan x+C$

❷ $\displaystyle\int\tan^2 x\,dx=\int\left(\frac{\sin x}{\cos x}\right)^2 dx=\int\frac{\sin^2 x}{\cos^2 x}dx=\int\frac{1-\cos^2 x}{\cos^2 x}dx=\int\left(\frac{1}{\cos^2 x}-1\right)dx$

$$=\tan x-x+C$$

❸ $\displaystyle\int\left(\sin\frac{x}{2}-\cos\frac{x}{2}\right)^2 dx=\int\left(\sin^2\frac{x}{2}-2\sin\frac{x}{2}\cos\frac{x}{2}+\cos^2\frac{x}{2}\right)dx=\int(1-\sin x)dx$

$$=x+\cos x+C$$

❹ $\displaystyle\int\sin^2 x\cos^2 x\,dx=\int(\sin x\cos x)^2 dx=\int\left(\frac{1}{2}\sin 2x\right)^2 dx=\frac{1}{4}\int\sin^2 2x\,dx$

$$=\frac{1}{4}\int\frac{1-\cos 4x}{2}dx=\frac{1}{8}\int(1-\cos 4x)dx=\frac{1}{8}\left(x-\frac{1}{4}\sin 4x\right)+C$$

❺ $\displaystyle\int\frac{1}{\tan^2 x}dx=\int\frac{\cos^2 x}{\sin^2 x}dx=\int\frac{1-\sin^2 x}{\sin^2 x}dx=\int\left(\frac{1}{\sin^2 x}-1\right)dx$

$$=-\frac{\cos x}{\sin x}-x+C$$

❺ $\dfrac{\cos x}{\sin x}=\cot x$ （コタンジェント x ）なので

$-\cot x-x+C$ でもよい。

21
⌇
30

27 の解答

❶ $\dfrac{1}{a}\mathrm{Tan}^{-1}\dfrac{x}{a}$

❷ $\log\left|x+\sqrt{x^2+A}\,\right|$

❸ $\mathrm{Tan}^{-1}x$

❹ $\mathrm{Sin}^{-1}x$

❺ $\log\left|x+\sqrt{x^2-1}\,\right|$

21 ～ 30

28 の解答

❶ $\displaystyle\int\dfrac{dx}{\sqrt{1-x^2}}=\mathbf{Sin}^{-1}\,x+C$

❷ $\displaystyle\int\dfrac{dx}{\sqrt{4-x^2}}=\int\dfrac{dx}{\sqrt{2^2-x^2}}=\mathbf{Sin}^{-1}\dfrac{x}{2}+C$

❸ $\displaystyle\int\dfrac{dx}{\sqrt{9-x^2}}=\int\dfrac{dx}{\sqrt{3^2-x^2}}=\mathbf{Sin}^{-1}\dfrac{x}{3}+C$

❹ $\displaystyle\int\dfrac{dx}{x^2+1}=\mathbf{Tan}^{-1}\,x+C$

❺ $\displaystyle\int\dfrac{dx}{x^2+4}=\int\dfrac{dx}{x^2+2^2}=\dfrac{1}{2}\mathbf{Tan}^{-1}\dfrac{x}{2}+C$

❻ $\displaystyle\int\dfrac{dx}{\sqrt{x^2-3}}=\mathbf{log}\left|x+\sqrt{x^2-3}\,\right|+C$

❼ $\displaystyle\int\dfrac{dx}{\sqrt{x^2+1}}=\mathbf{log}\left|x+\sqrt{x^2+1}\,\right|+C=\mathbf{log}\left(x+\sqrt{x^2+1}\,\right)+C$

☞ $x+\sqrt{x^2+1}>0$ だから，絶対値記号 $|\;|$ は外せる。

29 の解答

① $\displaystyle\int \frac{dx}{\sqrt{2-x^2}} = \int \frac{dx}{\sqrt{\left(\sqrt{2}\right)^2 - x^2}} = \mathrm{Sin}^{-1}\frac{x}{\sqrt{2}} + C$

② $\displaystyle\int \frac{4}{\sqrt{3-x^2}}\,dx = 4\int \frac{dx}{\sqrt{\left(\sqrt{3}\right)^2 - x^2}} = 4\,\mathrm{Sin}^{-1}\frac{x}{\sqrt{3}} + C$

③ $\displaystyle\int \frac{dx}{\sqrt{5-x^2}} = \int \frac{dx}{\sqrt{\left(\sqrt{5}\right)^2 - x^2}} = \mathrm{Sin}^{-1}\frac{x}{\sqrt{5}} + C$

④ $\displaystyle\int \frac{dx}{x^2+2} = \int \frac{dx}{x^2+\left(\sqrt{2}\right)^2} = \frac{1}{\sqrt{2}}\mathrm{Tan}^{-1}\frac{x}{\sqrt{2}} + C$

⑤ $\displaystyle\int \frac{dx}{x^2+3} = \int \frac{dx}{x^2+\left(\sqrt{3}\right)^2} = \frac{1}{\sqrt{3}}\mathrm{Tan}^{-1}\frac{x}{\sqrt{3}} + C$

⑥ $\displaystyle\int \frac{dx}{x^2+5} = \int \frac{dx}{x^2+\left(\sqrt{5}\right)^2} = \frac{1}{\sqrt{5}}\mathrm{Tan}^{-1}\frac{x}{\sqrt{5}} + C$

⑦ $\displaystyle\int \frac{dx}{\sqrt{x^2+4}} = \log\left|x+\sqrt{x^2+4}\right| + C = \log\left(x+\sqrt{x^2+4}\right) + C$

⑧ $\displaystyle\int \frac{dx}{\sqrt{x^2-2}} = \log\left|x+\sqrt{x^2-2}\right| + C$

30 の解答

① $\displaystyle\int\frac{dx}{\sqrt{1-4x^2}}=\int\frac{dx}{\sqrt{4\left(\frac{1}{4}-x^2\right)}}=\int\frac{dx}{2\sqrt{\left(\frac{1}{2}\right)^2-x^2}}=\frac{1}{2}\mathrm{Sin}^{-1}\frac{x}{\frac{1}{2}}+C=\frac{1}{2}\mathrm{Sin}^{-1}2x+C$

② $\displaystyle\int\frac{dx}{\sqrt{1-9x^2}}=\int\frac{dx}{\sqrt{9\left(\frac{1}{9}-x^2\right)}}=\int\frac{dx}{3\sqrt{\left(\frac{1}{3}\right)^2-x^2}}=\frac{1}{3}\mathrm{Sin}^{-1}3x+C$

③ $\displaystyle\int\frac{dx}{4x^2+1}=\int\frac{dx}{4\left(x^2+\frac{1}{4}\right)}=\frac{1}{4}\int\frac{dx}{x^2+\left(\frac{1}{2}\right)^2}=\frac{1}{4}\cdot\frac{1}{\frac{1}{2}}\mathrm{Tan}^{-1}\frac{x}{\frac{1}{2}}+C$

$\displaystyle\qquad=\frac{1}{2}\mathrm{Tan}^{-1}2x+C$

④ $\displaystyle\int\frac{dx}{9x^2+1}=\int\frac{dx}{9\left(x^2+\frac{1}{9}\right)}=\frac{1}{9}\int\frac{dx}{x^2+\left(\frac{1}{3}\right)^2}=\frac{1}{9}\cdot\frac{1}{\frac{1}{3}}\mathrm{Tan}^{-1}\frac{x}{\frac{1}{3}}+C$

$\displaystyle\qquad=\frac{1}{3}\mathrm{Tan}^{-1}3x+C$

⑤ $\displaystyle\int\frac{4}{\sqrt{2x^2-3}}dx=4\int\frac{dx}{\sqrt{2}\sqrt{x^2-\frac{3}{2}}}=\frac{4}{\sqrt{2}}\int\frac{dx}{\sqrt{x^2-\frac{3}{2}}}=2\sqrt{2}\log\left|x+\sqrt{x^2-\frac{3}{2}}\right|+C$

⑥ $\displaystyle\int\frac{5}{\sqrt{3x^2+1}}dx=5\int\frac{dx}{\sqrt{3}\sqrt{x^2+\frac{1}{3}}}=\frac{5}{\sqrt{3}}\int\frac{dx}{\sqrt{x^2+\frac{1}{3}}}=\frac{5}{\sqrt{3}}\log\left(x+\sqrt{x^2+\frac{1}{3}}\right)+C$

31 の解答

❶ $\displaystyle\int\frac{4}{\sqrt{3-x^2}}\,dx = 4\int\frac{dx}{\sqrt{\left(\sqrt{3}\right)^2-x^2}} = 4\,\mathrm{Sin}^{-1}\frac{x}{\sqrt{3}}+C$

❷ $\displaystyle\int\frac{2}{\sqrt{1-9x^2}}\,dx = 2\int\frac{dx}{3\sqrt{\frac{1}{9}-x^2}} = \frac{2}{3}\int\frac{dx}{\sqrt{\left(\frac{1}{3}\right)^2-x^2}} = \frac{2}{3}\,\mathrm{Sin}^{-1}\frac{x}{\frac{1}{3}}+C$

$\displaystyle\qquad = \frac{2}{3}\,\mathrm{Sin}^{-1}3x+C$

❸ $\displaystyle\int\frac{3}{x^2+1}\,dx = 3\int\frac{dx}{x^2+1} = 3\,\mathrm{Tan}^{-1}x+C$

❹ $\displaystyle\int\frac{x^2}{x^2+1}\,dx = \int\frac{(x^2+1)-1}{x^2+1}\,dx = \int\left(1-\frac{1}{x^2+1}\right)dx = x-\mathrm{Tan}^{-1}x+C$

❺ $\displaystyle\int\frac{x^2-1}{x^2+3}\,dx = \int\frac{(x^2+3)-4}{x^2+3}\,dx = \int\left(1-\frac{4}{x^2+3}\right)dx = x-4\cdot\frac{1}{\sqrt{3}}\,\mathrm{Tan}^{-1}\frac{x}{\sqrt{3}}+C$

$\displaystyle\qquad = x-\frac{4}{\sqrt{3}}\,\mathrm{Tan}^{-1}\frac{x}{\sqrt{3}}+C$

31〜40

32 の解答

① $\displaystyle\int \frac{dx}{\sqrt{-x^2+2x}} = \int \frac{dx}{\sqrt{-\left(x^2-2x\right)}} = \int \frac{dx}{\sqrt{-\left(x-1\right)^2+1}} = \int \frac{dx}{\sqrt{1-\left(x-1\right)^2}}$

$\displaystyle\qquad = \mathrm{Sin}^{-1}\left(x-1\right)+C$

② $\displaystyle\int \frac{dx}{\sqrt{-x^2+6x}} = \int \frac{dx}{\sqrt{-\left(x^2-6x\right)}} = \int \frac{dx}{\sqrt{9-\left(x-3\right)^2}} = \int \frac{dx}{\sqrt{3^2-\left(x-3\right)^2}}$

$\displaystyle\qquad = \mathrm{Sin}^{-1}\frac{x-3}{3}+C$

③ $\displaystyle\int \frac{dx}{\sqrt{-x^2+4x+6}} = \int \frac{dx}{\sqrt{-\left(x-2\right)^2+10}} = \int \frac{dx}{\sqrt{\left(\sqrt{10}\right)^2-\left(x-2\right)^2}} = \mathrm{Sin}^{-1}\frac{x-2}{\sqrt{10}}+C$

④ $\displaystyle\int \frac{dx}{x^2-x+1} = \int \frac{dx}{\left(x-\frac{1}{2}\right)^2+\left(\frac{\sqrt{3}}{2}\right)^2} = \frac{1}{\frac{\sqrt{3}}{2}}\mathrm{Tan}^{-1}\frac{x-\frac{1}{2}}{\frac{\sqrt{3}}{2}}+C$

$\displaystyle\qquad = \frac{2}{\sqrt{3}}\mathrm{Tan}^{-1}\frac{2x-1}{\sqrt{3}}+C$

⑤ $\displaystyle\int \frac{dx}{x^2+4x+5} = \int \frac{dx}{\left(x+2\right)^2+1} = \mathrm{Tan}^{-1}\left(x+2\right)+C$

⑥ $\displaystyle\int \frac{dx}{x^2+6x+11} = \int \frac{dx}{\left(x+3\right)^2+2} = \int \frac{dx}{\left(x+3\right)^2+\left(\sqrt{2}\right)^2} = \frac{1}{\sqrt{2}}\mathrm{Tan}^{-1}\frac{x+3}{\sqrt{2}}+C$

33 の解答

❶ $\displaystyle\int \frac{dx}{\sqrt{x^2+2x+3}} = \int \frac{dx}{\sqrt{(x+1)^2+2}} = \log\left|(x+1)+\sqrt{(x+1)^2+2}\right|+C$

$\qquad = \log\left(x+1+\sqrt{x^2+2x+3}\right)+C$

❷ $\displaystyle\int \frac{dx}{\sqrt{x^2-4x-3}} = \int \frac{dx}{\sqrt{(x-2)^2-7}} = \log\left|(x-2)+\sqrt{(x-2)^2-7}\right|+C$

$\qquad = \log\left|x-2+\sqrt{x^2-4x-3}\right|+C$

❸ $\displaystyle\int \frac{dx}{\sqrt{x^2-5x+4}} = \int \frac{dx}{\sqrt{\left(x-\dfrac{5}{2}\right)^2-\dfrac{9}{4}}} = \log\left|\left(x-\dfrac{5}{2}\right)+\sqrt{\left(x-\dfrac{5}{2}\right)^2-\dfrac{9}{4}}\right|+C$

$\qquad = \log\left|x-\dfrac{5}{2}+\sqrt{x^2-5x+4}\right|+C$

❹ $\displaystyle\int \frac{dx}{\sqrt{(x-1)(x-2)}} = \int \frac{dx}{\sqrt{x^2-3x+2}} = \int \frac{dx}{\sqrt{\left(x-\dfrac{3}{2}\right)^2-\dfrac{1}{4}}}$

$\qquad = \log\left|\left(x-\dfrac{3}{2}\right)+\sqrt{\left(x-\dfrac{3}{2}\right)^2-\dfrac{1}{4}}\right|+C$

$\qquad = \log\left|x-\dfrac{3}{2}+\sqrt{x^2-3x+2}\right|+C$

❺ $\displaystyle\int \frac{dx}{\sqrt{4x^2-3x+1}} = \int \frac{dx}{2\sqrt{x^2-\dfrac{3}{4}x+\dfrac{1}{4}}} = \frac{1}{2}\int \frac{dx}{\sqrt{\left(x-\dfrac{3}{8}\right)^2+\dfrac{7}{64}}}$

$\qquad = \dfrac{1}{2}\log\left(x-\dfrac{3}{8}+\sqrt{x^2-\dfrac{3}{4}x+\dfrac{1}{4}}\right)+C$

34 の解答

① $\dfrac{1}{x^2-1} = \dfrac{1}{(x-1)(x+1)} = \dfrac{A}{x-1} + \dfrac{B}{x+1}$ とおいて

$$\dfrac{1}{(x-1)(x+1)} = \dfrac{A(x+1)+B(x-1)}{(x-1)(x+1)} = \dfrac{(A+B)x+(A-B)}{(x-1)(x+1)}$$

$\therefore A+B=0, \quad A-B=1 \qquad \therefore A=\dfrac{1}{2}, \quad B=-\dfrac{1}{2}$

よって $\dfrac{1}{x^2-1} = \dfrac{\frac{1}{2}}{x-1} + \dfrac{-\frac{1}{2}}{x+1} = \dfrac{1}{\mathbf{2}}\left(\dfrac{1}{x-1} - \dfrac{1}{x+1}\right)$

同様に

② $\dfrac{1}{x^2-4} = \dfrac{1}{(x-2)(x+2)} = \dfrac{A}{x-2} + \dfrac{B}{x+2}$ とおいて

$\therefore A+B=0, \quad 2A-2B=1 \qquad \therefore A=\dfrac{1}{4}, \quad B=-\dfrac{1}{4}$

$$\dfrac{1}{x^2-4} = \dfrac{1}{\mathbf{4}}\left(\dfrac{1}{x-2} - \dfrac{1}{\boldsymbol{x+2}}\right)$$

③ $\dfrac{1}{x^2+2x-3} = \dfrac{1}{(x-1)(x+3)} = \dfrac{A}{x-1} + \dfrac{B}{x+3}$ とおいて

$\therefore A+B=0, \quad 3A-B=1 \qquad \therefore A=\dfrac{1}{4}, \quad B=-\dfrac{1}{4}$

$\therefore \dfrac{1}{x^2+2x-3} = \dfrac{1}{\mathbf{4}}\left(\dfrac{1}{\boldsymbol{x-1}} - \dfrac{1}{x+3}\right)$

④ $\dfrac{1}{x^2-x-6} = \dfrac{1}{(x-3)(x+2)} = \dfrac{A}{x-3} + \dfrac{B}{x+2}$ とおいて

$\therefore A+B=0, \quad 2A-3B=1 \qquad \therefore A=\dfrac{1}{5}, \quad B=-\dfrac{1}{5}$

$\therefore \dfrac{1}{x^2-x-6} = \dfrac{1}{\mathbf{5}}\left(\dfrac{1}{x-3} - \dfrac{1}{\boldsymbol{x+2}}\right)$

⑤ $\dfrac{1}{x^2-4x-5} = \dfrac{1}{(x-5)(x+1)} = \dfrac{A}{x-5} + \dfrac{B}{x+1}$ とおいて

$\therefore A+B=0, \quad A-5B=1 \qquad \therefore A=\dfrac{1}{6}, \quad B=-\dfrac{1}{6}$

$\therefore \dfrac{1}{x^2-4x-5} = \dfrac{1}{\mathbf{6}}\left(\dfrac{1}{\boldsymbol{x-5}} - \dfrac{1}{x+1}\right)$

35 の解答

1 $\displaystyle\int \frac{dx}{x^2-1} = \int \frac{dx}{(x-1)(x+1)} = \int \frac{1}{2}\left(\frac{1}{x-1}-\frac{1}{x+1}\right)dx = \frac{1}{2}\int\left(\frac{1}{x-1}-\frac{1}{x+1}\right)dx$

$\displaystyle = \frac{1}{2}\{\log|x-1|-\log|x+1|\}+C = \frac{1}{2}\log\left|\frac{x-1}{x+1}\right|+C$

2 $\displaystyle\int \frac{dx}{x^2-4} = \int \frac{dx}{(x-2)(x+2)} = \frac{1}{4}\int\left(\frac{1}{x-2}-\frac{1}{x+2}\right)dx$

$\displaystyle = \frac{1}{4}\{\log|x-2|-\log|x+2|\}+C = \frac{1}{4}\log\left|\frac{x-2}{x+2}\right|+C$

3 $\displaystyle\int \frac{dx}{x^2-2x-3} = \int \frac{dx}{(x-3)(x+1)} = \frac{1}{4}\int\left(\frac{1}{x-3}-\frac{1}{x+1}\right)dx$

$\displaystyle = \frac{1}{4}\{\log|x-3|-\log|x+1|\}+C = \frac{1}{4}\log\left|\frac{x-3}{x+1}\right|+C$

4 $\displaystyle\int \frac{dx}{x^2+x-6} = \int \frac{dx}{(x-2)(x+3)} = \frac{1}{5}\int\left(\frac{1}{x-2}-\frac{1}{x+3}\right)dx$

$\displaystyle = \frac{1}{5}\{\log|x-2|-\log|x+3|\}+C = \frac{1}{5}\log\left|\frac{x-2}{x+3}\right|+C$

5 $\displaystyle\int \frac{dx}{x^2+4x-5} = \int \frac{dx}{(x-1)(x+5)} = \frac{1}{6}\int\left(\frac{1}{x-1}-\frac{1}{x+5}\right)dx$

$\displaystyle = \frac{1}{6}\{\log|x-1|-\log|x+5|\}+C = \frac{1}{6}\log\left|\frac{x-1}{x+5}\right|+C$

6 $\displaystyle\int \frac{dx}{x^2-7x+12} = \int \frac{dx}{(x-4)(x-3)} = \int\left(\frac{1}{x-4}-\frac{1}{x-3}\right)dx$

$\displaystyle = \log|x-4|-\log|x-3|+C = \log\left|\frac{x-4}{x-3}\right|+C$

31 〜 40

36 の解答

❶ $\displaystyle\int \frac{2x}{x^2+3}\,dx = \int \frac{\left(x^2+3\right)'}{x^2+3}\,dx = \log\left(x^2+3\right)+C$

❷ $\displaystyle\int \frac{2x+5}{x^2+5x}\,dx = \int \frac{\left(x^2+5x\right)'}{x^2+5x}\,dx = \log\left|x^2+5x\right|+C$

❸ $\displaystyle\int \frac{6x^2}{x^3+5}\,dx = 2\int \frac{3x^2}{x^3+5}\,dx = 2\int \frac{\left(x^3+5\right)'}{x^3+5}\,dx = 2\log\left|x^3+5\right|+C$

❹ $\displaystyle\int \frac{\sin x}{\cos x}\,dx = -\int \frac{-\sin x}{\cos x}\,dx = -\int \frac{\left(\cos x\right)'}{\cos x}\,dx = -\log\left|\cos x\right|+C$

❺ $\displaystyle\int \frac{e^x-e^{-x}}{e^x+e^{-x}}\,dx = \int \frac{\left(e^x+e^{-x}\right)'}{e^x+e^{-x}}\,dx = \log\left(e^x+e^{-x}\right)+C$

❻ $\displaystyle\int \frac{\cos x}{a+b\sin x}\,dx = \frac{1}{b}\int \frac{\left(a+b\sin x\right)'}{a+b\sin x}\,dx = \frac{1}{b}\log\left|a+b\sin x\right|+C$

> ☞ ❶で $x^2+3>0$，❺で $e^x+e^{-x}>0$ より
> 絶対値記号は外れる。

37 の解答

❶ $\dfrac{-x+5}{(x-1)(x+1)} = \dfrac{A}{x-1} + \dfrac{B}{x+1}$ とおいて

$\dfrac{-x+5}{(x-1)(x+1)} = \dfrac{(A+B)x+(A-B)}{(x-1)(x+1)}$ $\qquad A+B=-1, \quad A-B=5$

$\therefore A=2, \quad B=-3$ $\qquad \therefore \dfrac{-x+5}{(x-1)(x+1)} = \dfrac{2}{x-1} - \dfrac{3}{x+1}$

同様に

❷ $\dfrac{7x-5}{(x-3)(x+5)} = \dfrac{A}{x-3} + \dfrac{B}{x+5}$ とおいて

$A+B=7, \quad 5A-3B=-5$

$\therefore A=2, \quad B=5$ $\qquad \therefore \dfrac{7x-5}{(x-3)(x+5)} = \dfrac{2}{x-3} + \dfrac{5}{x+5}$

❸ $\dfrac{-2x-14}{x^2+2x-3} = \dfrac{-2x-14}{(x-1)(x+3)} = \dfrac{A}{x-1} + \dfrac{B}{x+3}$ とおいて

$A+B=-2, \quad 3A-B=-14$

$\therefore A=-4, \quad B=2$ $\qquad \therefore \dfrac{-2x-14}{x^2+2x-3} = -\dfrac{4}{x-1} + \dfrac{2}{x+3}$

❹ $\dfrac{4x+1}{x^2-5x+6} = \dfrac{4x+1}{(x-2)(x-3)} = \dfrac{A}{x-2} + \dfrac{B}{x-3}$ とおいて

$A+B=4, \quad -3A-2B=1$

$\therefore A=-9, \quad B=13$ $\qquad \therefore \dfrac{4x+1}{x^2-5x+6} = -\dfrac{9}{x-2} + \dfrac{13}{x-3}$

❺ $\dfrac{3x-2}{x^2+x-2} = \dfrac{3x-2}{(x-1)(x+2)} = \dfrac{A}{x-1} + \dfrac{B}{x+2}$ とおいて

$A+B=3, \quad 2A-B=-2$

$\therefore A=\dfrac{1}{3}, \quad B=\dfrac{8}{3}$ $\qquad \therefore \dfrac{3x-2}{x^2+x-2} = \dfrac{1}{3}\cdot\dfrac{1}{x-1} + \dfrac{8}{3}\cdot\dfrac{1}{x+2}$

38 の解答

① $\dfrac{2x-5}{(x-1)(x+1)}=\dfrac{A}{x-1}+\dfrac{B}{x+1}$ とおいて

$A+B=2,\quad A-B=-5$

$A=-\dfrac{3}{2},\quad B=\dfrac{7}{2}\qquad \therefore \dfrac{2x-5}{(x-1)(x+1)}=-\dfrac{3}{2}\cdot\dfrac{1}{x-1}+\dfrac{7}{2}\cdot\dfrac{1}{x+1}$

② $\dfrac{5x+3}{x^2-x-2}=\dfrac{5x+3}{(x-2)(x+1)}=\dfrac{A}{x-2}+\dfrac{B}{x+1}$ とおいて

$A+B=5,\quad A-2B=3$

$A=\dfrac{13}{3},\quad B=\dfrac{2}{3}\qquad \therefore \dfrac{5x+3}{x^2-x-2}=\dfrac{13}{3}\cdot\dfrac{1}{x-2}+\dfrac{2}{3}\cdot\dfrac{1}{x+1}$

31〜40

③ $\dfrac{-x+7}{x^2-7x+10}=\dfrac{-x+7}{(x-5)(x-2)}=\dfrac{A}{x-5}+\dfrac{B}{x-2}$ とおいて

$A+B=-1,\quad -2A-5B=7$

$A=\dfrac{2}{3},\quad B=-\dfrac{5}{3}\qquad \therefore \dfrac{-x+7}{x^2-7x+10}=\dfrac{2}{3}\cdot\dfrac{1}{x-5}-\dfrac{5}{3}\cdot\dfrac{1}{x-2}$

④ $\dfrac{x-3}{x^2+5x+4}=\dfrac{x-3}{(x+1)(x+4)}=\dfrac{A}{x+1}+\dfrac{B}{x+4}$ とおいて

$A+B=1,\quad 4A+B=-3$

$A=-\dfrac{4}{3},\quad B=\dfrac{7}{3}\qquad \therefore \dfrac{x-3}{x^2+5x+4}=-\dfrac{4}{3}\cdot\dfrac{1}{x+1}+\dfrac{7}{3}\cdot\dfrac{1}{x+4}$

③⑨の解答

❶ $\dfrac{8}{(x+2)(x+10)} = \dfrac{1}{x+2} - \dfrac{1}{x+10}$ より

$$\int \dfrac{8}{(x+2)(x+10)}\,dx = \int \left(\dfrac{1}{x+2} - \dfrac{1}{x+10} \right) dx$$

$$= \log|x+2| - \log|x+10| + C = \log\left| \dfrac{x+2}{x+10} \right| + C$$

❷ $\dfrac{3x}{x^2-x-2} = \dfrac{3x}{(x-2)(x+1)} = \dfrac{2}{x-2} + \dfrac{1}{x+1}$ より

$$\int \dfrac{3x}{x^2-x-2}\,dx = \int \left(\dfrac{2}{x-2} + \dfrac{1}{x+1} \right) dx = 2\log|x-2| + \log|x+1| + C$$

$$= \log(x-2)^2 + \log|x+1| + C = \log\left|(x-2)^2(x+1)\right| + C$$

❸ $\dfrac{x}{x^2-2x-3} = \dfrac{x}{(x-3)(x+1)} = \dfrac{3}{4} \cdot \dfrac{1}{x-3} + \dfrac{1}{4} \cdot \dfrac{1}{x+1}$ より

$$\int \dfrac{x}{x^2-2x-3}\,dx = \int \left(\dfrac{3}{4} \cdot \dfrac{1}{x-3} + \dfrac{1}{4} \cdot \dfrac{1}{x+1} \right) dx = \dfrac{3}{4}\log|x-3| + \dfrac{1}{4}\log|x+1| + C$$

❹ $\dfrac{x-7}{x^2-8x+15} = \dfrac{x-7}{(x-5)(x-3)} = -\dfrac{1}{x-5} + \dfrac{2}{x-3}$ より

$$\int \dfrac{x-7}{x^2-8x+15}\,dx = \int \left(-\dfrac{1}{x-5} + \dfrac{2}{x-3} \right) dx = -\log|x-5| + 2\log|x-3| + C$$

40 の解答

① $\dfrac{1}{x^2+6x+8}=\dfrac{1}{(x+2)(x+4)}=\dfrac{1}{2}\left(\dfrac{1}{x+2}-\dfrac{1}{x+4}\right)$ より

$$\int\dfrac{dx}{x^2+6x+8}=\dfrac{1}{2}\int\left(\dfrac{1}{x+2}-\dfrac{1}{x+4}\right)dx$$

$$=\dfrac{1}{2}\left(\log|x+2|-\log|x+4|\right)+C=\dfrac{1}{2}\log\left|\dfrac{x+2}{x+4}\right|+C$$

② $\dfrac{3x-1}{x^2+2x-3}=\dfrac{3x-1}{(x-1)(x+3)}=\dfrac{1}{2}\cdot\dfrac{1}{x-1}+\dfrac{5}{2}\cdot\dfrac{1}{x+3}$ より

$$\int\dfrac{3x-1}{x^2+2x-3}dx=\int\left(\dfrac{1}{2}\cdot\dfrac{1}{x-1}+\dfrac{5}{2}\cdot\dfrac{1}{x+3}\right)dx$$

$$=\dfrac{1}{2}\log|x-1|+\dfrac{5}{2}\log|x+3|+C$$

③ $\dfrac{7x-6}{x^2-3x+2}=\dfrac{7x-6}{(x-1)(x-2)}=\dfrac{-1}{x-1}+\dfrac{8}{x-2}$ より

$$\int\dfrac{7x-6}{x^2-3x+2}dx=\int\left(\dfrac{-1}{x-1}+\dfrac{8}{x-2}\right)dx$$

$$=-\log|x-1|+8\log|x-2|+C=\log\dfrac{(x-2)^8}{|x-1|}+C$$

④ $\dfrac{x^3-2}{x^2-x-2}=x+1+\boxed{\begin{array}{c}\dfrac{3x}{x^2-x-2}\\[2mm]\dfrac{2}{x-2}+\dfrac{1}{x+1}\end{array}}$ 39 -② より

$$x^2-x-2\overline{\smash{\big)}\,x^3-2}$$
$$\underline{x^3-x^2-2x}$$
$$x^2+2x-2$$
$$\underline{x^2-\ x-2}$$
$$3x$$

（除法の商 $x+1$）

$$\int\dfrac{x^3-2}{x^2-x-2}dx=\int\left(x+1+\dfrac{2}{x-2}+\dfrac{1}{x+1}\right)dx$$

$$=\dfrac{1}{2}x^2+x+2\log|x-2|+\log|x+1|+C$$

$$=\dfrac{1}{2}x^2+x+\log\left|(x-2)^2(x+1)\right|+C$$

41の解答

① $\dfrac{3}{x(x^2+3)}=\dfrac{A}{x}+\dfrac{Bx+C}{x^2+3}$ とおいて

$$3=A(x^2+3)+(Bx+C)x$$

$$3=(A+B)x^2+Cx+3A$$

$\therefore A+B=0,\ C=0,\ 3A=3 \qquad \therefore A=1,\ B=-1,\ C=0$

$\therefore \dfrac{3}{x(x^2+3)}=\dfrac{1}{x}-\dfrac{x}{x^2+3}$

② $\dfrac{4}{x^3+4x}=\dfrac{4}{x(x^2+4)}=\dfrac{A}{x}+\dfrac{Bx+C}{x^2+4}$ とおいて

$$4=(A+B)x^2+Cx+4A$$

$\therefore A+B=0,\ C=0,\ 4A=4 \qquad \therefore A=1,\ B=-1,\ C=0$

$\therefore \dfrac{4}{x^3+4x}=\dfrac{1}{x}-\dfrac{x}{x^2+4}$

③ $\dfrac{2x+9}{x^3+3x}=\dfrac{2x+9}{x(x^2+3)}=\dfrac{A}{x}+\dfrac{Bx+C}{x^2+3}$ とおいて

$$2x+9=A(x^2+3)+(Bx+C)x$$

$$2x+9=(A+B)x^2+Cx+3A$$

$\therefore A+B=0,\ C=2,\ 3A=9 \qquad \therefore A=3,\ B=-3,\ C=2$

$\therefore \dfrac{2x+9}{x^3+3x}=\dfrac{3}{x}+\dfrac{-3x+2}{x^2+3}$

④ $\dfrac{3x+4}{x^3+4x}=\dfrac{3x+4}{x(x^2+4)}=\dfrac{A}{x}+\dfrac{Bx+C}{x^2+4}$ とおいて

$$3x+4=A(x^2+4)+(Bx+C)x$$

$$3x+4=(A+B)x^2+Cx+4A$$

$\therefore A+B=0,\ C=3,\ 4A=4 \qquad \therefore A=1,\ B=-1,\ C=3$

$\therefore \dfrac{3x+4}{x^3+4x}=\dfrac{1}{x}+\dfrac{-x+3}{x^2+4}$

42 の解答

❶ $\displaystyle \int \frac{3}{x\left(x^2+3\right)}\,dx = \int \left(\frac{1}{x} - \frac{x}{x^2+3}\right)dx$　　41 -❶より

$$= \int \frac{dx}{x} - \frac{1}{2}\int \frac{2x}{x^2+3}\,dx = \log|x| - \frac{1}{2}\int \frac{\left(x^2+3\right)'}{x^2+3}\,dx$$

$$= \log|x| - \frac{1}{2}\log\left(x^2+3\right)+C = \log\frac{|x|}{\sqrt{x^2+3}}+C$$

❷ $\displaystyle \int \frac{4}{x^3+4x}\,dx = \int \left(\frac{1}{x} - \frac{x}{x^2+4}\right)dx$　　41 -❷より

$$= \int \frac{dx}{x} - \frac{1}{2}\int \frac{2x}{x^2+4}\,dx = \log|x| - \frac{1}{2}\int \frac{\left(x^2+4\right)'}{x^2+4}\,dx$$

$$= \log|x| - \frac{1}{2}\log\left(x^2+4\right)+C = \log\frac{|x|}{\sqrt{x^2+4}}+C$$

❸ $\displaystyle \int \frac{2x+9}{x^3+3x}\,dx = \int \left(\frac{3}{x} + \frac{-3x+2}{x^2+3}\right)dx$　　41 -❸より

$$= 3\log|x| + (-3)\cdot\frac{1}{2}\int \frac{2x}{x^2+3}\,dx + 2\int \frac{dx}{x^2+3}$$

$$= 3\log|x| - \frac{3}{2}\log\left(x^2+3\right)+\frac{2}{\sqrt{3}}\mathrm{Tan}^{-1}\frac{x}{\sqrt{3}}+C$$

❹ $\displaystyle \int \frac{3x+4}{x^3+4x}\,dx = \int \left(\frac{1}{x} + \frac{-x+3}{x^2+4}\right)dx$　　41 -❹より

$$= \log|x| - \frac{1}{2}\int \frac{2x}{x^2+4}\,dx + 3\int \frac{dx}{x^2+4}$$

$$= \log|x| - \frac{1}{2}\log\left(x^2+4\right)+\frac{3}{2}\mathrm{Tan}^{-1}\frac{x}{2}+C$$

43 の解答

❶ $\displaystyle\int \frac{2x+3}{x^2+x+1}\,dx = \int \frac{(2x+1)+2}{x^2+x+1}\,dx = \int \frac{2x+1}{x^2+x+1}\,dx + 2\int \frac{dx}{x^2+x+1}$

$\displaystyle = \int \frac{(x^2+x+1)'}{x^2+x+1}\,dx + 2\int \frac{dx}{\left(x+\frac{1}{2}\right)^2+\left(\frac{\sqrt{3}}{2}\right)^2}$

$\displaystyle = \log(x^2+x+1) + 2\times\frac{2}{\sqrt{3}}\,\mathrm{Tan}^{-1}\frac{x+\frac{1}{2}}{\frac{\sqrt{3}}{2}} + C$

$\displaystyle = \log(x^2+x+1) + \frac{4}{\sqrt{3}}\,\mathrm{Tan}^{-1}\frac{2x+1}{\sqrt{3}} + C$

❷ $\displaystyle\int \frac{2x-3}{x^2+4x+5}\,dx = \int \frac{2x+4}{x^2+4x+5}\,dx - 7\int \frac{dx}{x^2+4x+5}$

$\displaystyle = \log(x^2+4x+5) - 7\int \frac{dx}{(x+2)^2+1}$

$\displaystyle = \log(x^2+4x+5) - 7\,\mathrm{Tan}^{-1}(x+2) + C$

❸ $\displaystyle\int \frac{4x-3}{x^2-x+1}\,dx = \int \frac{4x-2-1}{x^2-x+1}\,dx = 2\int \frac{2x-1}{x^2-x+1}\,dx - \int \frac{dx}{x^2-x+1}$

$\displaystyle = 2\log(x^2-x+1) - \int \frac{dx}{\left(x-\frac{1}{2}\right)^2+\left(\frac{\sqrt{3}}{2}\right)^2}$

$\displaystyle = 2\log(x^2-x+1) - \frac{2}{\sqrt{3}}\,\mathrm{Tan}^{-1}\frac{x-\frac{1}{2}}{\frac{\sqrt{3}}{2}} + C$

$\displaystyle = 2\log(x^2-x+1) - \frac{2}{\sqrt{3}}\,\mathrm{Tan}^{-1}\frac{2x-1}{\sqrt{3}} + C$

41 〜 50

44 の解答

❶

$$\int \frac{x+1}{x^2+x+1}\,dx = \frac{1}{2}\int \frac{2x+1+1}{x^2+x+1}\,dx = \frac{1}{2}\int \left(\frac{2x+1}{x^2+x+1} + \frac{1}{x^2+x+1} \right)dx$$

$$= \frac{1}{2}\int \frac{\left(x^2+x+1\right)'}{x^2+x+1}\,dx + \frac{1}{2}\int \frac{dx}{\left(x+\frac{1}{2}\right)^2 + \left(\frac{\sqrt{3}}{2}\right)^2}$$

$$= \frac{1}{2}\log\left(x^2+x+1\right) + \frac{1}{2}\cdot\frac{1}{\frac{\sqrt{3}}{2}}\,\text{Tan}^{-1}\frac{x+\frac{1}{2}}{\frac{\sqrt{3}}{2}} + C$$

$$= \frac{1}{2}\log\left(x^2+x+1\right) + \frac{1}{\sqrt{3}}\,\text{Tan}^{-1}\frac{2x+1}{\sqrt{3}} + C$$

❷

$$\int \frac{x-1}{1+x-x^2}\,dx = -\int \frac{x-1}{x^2-x-1}\,dx = -\frac{1}{2}\int \frac{(2x-1)-1}{x^2-x-1}\,dx$$

$$= -\frac{1}{2}\int \frac{\left(x^2-x-1\right)'}{x^2-x-1}\,dx + \frac{1}{2}\int \frac{dx}{\left(x-\frac{1}{2}\right)^2 - \left(\frac{\sqrt{5}}{2}\right)^2}$$

$$= -\frac{1}{2}\log\left|x^2-x-1\right| + \frac{1}{2}\int \frac{dx}{\left(x-\frac{1+\sqrt{5}}{2}\right)\left(x-\frac{1-\sqrt{5}}{2}\right)}$$

$$= -\frac{1}{2}\log\left|x^2-x-1\right| + \frac{1}{2}\cdot\frac{1}{\sqrt{5}}\int \left(\frac{1}{x-\frac{1+\sqrt{5}}{2}} - \frac{1}{x-\frac{1-\sqrt{5}}{2}} \right)dx$$

$$= -\frac{1}{2}\log\left|x^2-x-1\right| + \frac{1}{2\sqrt{5}}\left(\log\left|x-\frac{1+\sqrt{5}}{2}\right| - \log\left|x-\frac{1-\sqrt{5}}{2}\right| \right) + C$$

$$= -\frac{1}{2}\log\left|x^2-x-1\right| + \frac{1}{2\sqrt{5}}\log\left| \frac{x-\frac{1+\sqrt{5}}{2}}{x-\frac{1-\sqrt{5}}{2}} \right| + C$$

$$= -\frac{1}{2}\log\left|x^2-x-1\right| + \frac{1}{2\sqrt{5}}\log\left| \frac{2x-1-\sqrt{5}}{2x-1+\sqrt{5}} \right| + C$$

41 ～ 50

45の解答

① $\dfrac{1}{x^3-1}=\dfrac{1}{(x-1)(x^2+x+1)}=\dfrac{A}{x-1}+\dfrac{Bx+C}{x^2+x+1}$ とおいて

$1=A(x^2+x+1)+(Bx+C)(x-1)$

$1=(A+B)x^2+(A-B+C)x+(A-C)$

$\therefore A+B=0,\quad A-B+C=0,\quad A-C=1 \qquad \therefore A=\dfrac{1}{3},\quad B=-\dfrac{1}{3},\quad C=-\dfrac{2}{3}$

$\therefore \dfrac{1}{x^3-1}=\dfrac{1}{3}\cdot\dfrac{1}{x-1}-\dfrac{1}{3}\cdot\dfrac{x+2}{x^2+x+1}$

② $\dfrac{x}{x^3-1}=\dfrac{x}{(x-1)(x^2+x+1)}=\dfrac{A}{x-1}+\dfrac{Bx+C}{x^2+x+1}$ とおいて

$x=A(x^2+x+1)+(Bx+C)(x-1)$

$x=(A+B)x^2+(A-B+C)x+(A-C)$

$\therefore A+B=0,\quad A-B+C=1,\quad A-C=0 \qquad \therefore A=\dfrac{1}{3},\quad B=-\dfrac{1}{3},\quad C=\dfrac{1}{3}$

$\therefore \dfrac{x}{x^3-1}=\dfrac{1}{3}\cdot\dfrac{1}{x-1}-\dfrac{1}{3}\cdot\dfrac{x-1}{x^2+x+1}$

③ $\dfrac{1}{x^3+1}=\dfrac{1}{(x+1)(x^2-x+1)}=\dfrac{A}{x+1}+\dfrac{Bx+C}{x^2-x+1}$ とおいて

$1=A(x^2-x+1)+(Bx+C)(x+1)$

$1=(A+B)x^2+(-A+B+C)x+(A+C)$

$\therefore A+B=0,\quad -A+B+C=0,\quad A+C=1 \qquad \therefore A=\dfrac{1}{3},\quad B=-\dfrac{1}{3},\quad C=\dfrac{2}{3}$

$\therefore \dfrac{1}{x^3+1}=\dfrac{1}{3}\cdot\dfrac{1}{x+1}-\dfrac{1}{3}\cdot\dfrac{x-2}{x^2-x+1}$

④ $\dfrac{x^2+x+3}{(x-1)(x^2+4)}=\dfrac{A}{x-1}+\dfrac{Bx+C}{x^2+4}$ とおいて

$x^2+x+3=A(x^2+4)+(Bx+C)(x-1)$

$x^2+x+3=(A+B)x^2+(-B+C)x+(4A-C)$

$\therefore A+B=1,\quad -B+C=1,\quad 4A-C=3 \qquad \therefore A=1,\quad B=0,\quad C=1$

$\therefore \dfrac{x^2+x+3}{(x-1)(x^2+4)}=\dfrac{1}{x-1}+\dfrac{1}{x^2+4}$

46 の解答

いずれも 45 ❶～❹ の結果を用いる。

❶ $\displaystyle\int\frac{dx}{x^3-1}=\int\left(\frac{1}{3}\cdot\frac{1}{x-1}-\frac{1}{3}\cdot\frac{x+2}{x^2+x+1}\right)dx=\frac{1}{3}\log|x-1|-\frac{1}{3}\int\frac{1}{2}\cdot\frac{(2x+1)+3}{x^2+x+1}dx$

$\displaystyle=\frac{1}{3}\log|x-1|-\frac{1}{6}\int\frac{\left(x^2+x+1\right)'}{x^2+x+1}dx-\frac{1}{2}\int\frac{dx}{\left(x+\frac{1}{2}\right)^2+\left(\frac{\sqrt{3}}{2}\right)^2}$

$\displaystyle=\frac{1}{3}\log|x-1|-\frac{1}{6}\log\left(x^2+x+1\right)-\frac{1}{2}\cdot\frac{2}{\sqrt{3}}\mathrm{Tan}^{-1}\frac{x+\frac{1}{2}}{\frac{\sqrt{3}}{2}}+C$

$\displaystyle=\frac{1}{3}\log|x-1|-\frac{1}{6}\log\left(x^2+x+1\right)-\frac{1}{\sqrt{3}}\mathrm{Tan}^{-1}\frac{2x+1}{\sqrt{3}}+C$

❷ $\displaystyle\int\frac{x}{x^3-1}dx=\int\left(\frac{1}{3}\cdot\frac{1}{x-1}-\frac{1}{3}\cdot\frac{x-1}{x^2+x+1}\right)dx=\frac{1}{3}\log|x-1|-\frac{1}{3}\int\frac{1}{2}\cdot\frac{(2x+1)-3}{x^2+x+1}dx$

$\displaystyle=\frac{1}{3}\log|x-1|-\frac{1}{6}\int\frac{\left(x^2+x+1\right)'}{x^2+x+1}dx+\frac{1}{2}\int\frac{dx}{\left(x+\frac{1}{2}\right)^2+\left(\frac{\sqrt{3}}{2}\right)^3}$

$\displaystyle=\frac{1}{3}\log|x-1|-\frac{1}{6}\log\left(x^2+x+1\right)+\frac{1}{\sqrt{3}}\mathrm{Tan}^{-1}\frac{2x+1}{\sqrt{3}}+C$

❸ $\displaystyle\int\frac{dx}{x^3+1}=\int\left(\frac{1}{3}\cdot\frac{1}{x+1}-\frac{1}{3}\cdot\frac{x-2}{x^2-x+1}\right)dx=\frac{1}{3}\log|x+1|-\frac{1}{3}\int\frac{1}{2}\cdot\frac{(2x-1)-3}{x^2-x+1}dx$

$\displaystyle=\frac{1}{3}\log|x+1|-\frac{1}{6}\log\left(x^2-x+1\right)+\frac{1}{2}\int\frac{dx}{\left(x-\frac{1}{2}\right)^2+\left(\frac{\sqrt{3}}{2}\right)^2}$

$\displaystyle=\frac{1}{3}\log|x+1|-\frac{1}{6}\log\left(x^2-x+1\right)+\frac{1}{\sqrt{3}}\mathrm{Tan}^{-1}\frac{2x-1}{\sqrt{3}}+C$

❹ $\displaystyle\int\frac{x^2+x+3}{(x-1)\left(x^2+4\right)}dx=\int\left(\frac{1}{x-1}+\frac{1}{x^2+4}\right)dx$

$\displaystyle=\log|x-1|+\int\frac{dx}{x^2+2^2}=\log|x-1|+\frac{1}{2}\mathrm{Tan}^{-1}\frac{x}{2}+C$

41 ∫ 50

47 の解答

① $\dfrac{x^2+x-1}{x(x-2)(x+3)} = \dfrac{A}{x} + \dfrac{B}{x-2} + \dfrac{C}{x+3}$ とおいて

$x^2+x-1 = A(x-2)(x+3) + Bx(x+3) + Cx(x-2)$

$x^2+x-1 = (A+B+C)x^2 + (A+3B-2C)x - 6A$

$\therefore A+B+C=1,\ A+3B-2C=1,\ -6A=-1 \qquad \therefore A=\dfrac{1}{6},\ B=\dfrac{1}{2},\ C=\dfrac{1}{3}$

$\therefore \dfrac{x^2+x-1}{x(x-2)(x+3)} = \dfrac{1}{6}\cdot\dfrac{1}{x} + \dfrac{1}{2}\cdot\dfrac{1}{x-2} + \dfrac{1}{3}\cdot\dfrac{1}{x+3}$

② $\dfrac{x^2+4x-2}{x(x-2)(x+2)} = \dfrac{A}{x} + \dfrac{B}{x-2} + \dfrac{C}{x+2}$ とおいて

$x^2+4x-2 = A(x-2)(x+2) + Bx(x+2) + Cx(x-2)$

$x^2+4x-2 = (A+B+C)x^2 + (2B-2C)x - 4A$

$\therefore A+B+C=1,\ 2B-2C=4,\ -4A=-2 \qquad \therefore A=\dfrac{1}{2},\ B=\dfrac{5}{4},\ C=-\dfrac{3}{4}$

$\therefore \dfrac{x^2+4x-2}{x(x-2)(x+2)} = \dfrac{1}{2}\cdot\dfrac{1}{x} + \dfrac{5}{4}\cdot\dfrac{1}{x-2} - \dfrac{3}{4}\cdot\dfrac{1}{x+2}$

③ $\dfrac{x-1}{(x+1)^2} = \dfrac{A}{x+1} + \dfrac{B}{(x+1)^2}$ とおいて

$x-1 = A(x+1) + B$

$x-1 = Ax + (A+B)$

$\therefore A=1,\ A+B=-1 \qquad \therefore A=1,\ B=-2$

$\therefore \dfrac{x-1}{(x+1)^2} = \dfrac{1}{x+1} - \dfrac{2}{(x+1)^2}$

④ $\dfrac{x-2}{(x+2)^2} = \dfrac{A}{x+2} + \dfrac{B}{(x+2)^2}$ とおいて

$x-2 = A(x+2) + B$

$x-2 = Ax + (2A+B)$

$\therefore A=1,\ 2A+B=-2 \qquad \therefore A=1,\ B=-4$

$\therefore \dfrac{x-2}{(x+2)^2} = \dfrac{1}{x+2} - \dfrac{4}{(x+2)^2}$

48 の解答

❶ $\displaystyle\int \frac{x^2+x-1}{x(x-2)(x+3)}\,dx = \int\left(\frac{1}{6}\cdot\frac{1}{x}+\frac{1}{2}\cdot\frac{1}{x-2}+\frac{1}{3}\cdot\frac{1}{x+3}\right)dx$ 　　47-❶より

$\displaystyle\qquad\qquad = \frac{1}{6}\log|x|+\frac{1}{2}\log|x-2|+\frac{1}{3}\log|x+3|+C$

❷ $\displaystyle\int \frac{x^2+4x-2}{x(x-2)(x+2)}\,dx = \int\left(\frac{1}{2}\cdot\frac{1}{x}+\frac{5}{4}\cdot\frac{1}{x-2}-\frac{3}{4}\cdot\frac{1}{x+2}\right)dx$ 　　47-❷より

$\displaystyle\qquad\qquad = \frac{1}{2}\log|x|+\frac{5}{4}\log|x-2|-\frac{3}{4}\log|x+2|+C$

❸ $\displaystyle\int \frac{x-1}{(x+1)^2}\,dx = \int\left\{\frac{1}{x+1}-\frac{2}{(x+1)^2}\right\}dx$ 　　47-❸より

$\displaystyle\qquad\qquad = \log|x+1|+\frac{2}{x+1}+C$

❹ $\displaystyle\int \frac{x-2}{(x+2)^2}\,dx = \int\left\{\frac{1}{x+2}-\frac{4}{(x+2)^2}\right\}dx$ 　　47-❹より

$\displaystyle\qquad\qquad = \log|x+2|+\frac{4}{x+2}+C$

❷ は $\displaystyle\frac{1}{4}\log\left|\frac{x^2(x-2)^5}{(x+2)^3}\right|+C$ でもよい。

49 の解答

❶ $\dfrac{9}{x(x-3)^2} = \dfrac{A}{x} + \dfrac{B}{x-3} + \dfrac{C}{(x-3)^2}$ とおいて

$9 = A(x-3)^2 + Bx(x-3) + Cx$

$9 = (A+B)x^2 + (-6A-3B+C)x + 9A$

$\therefore A+B=0, \quad -6A-3B+C=0, \quad 9A=9 \qquad \therefore A=1, \quad B=-1, \quad C=3$

$\therefore \dfrac{9}{x(x-3)^2} = \dfrac{1}{x} - \dfrac{1}{x-3} + \dfrac{3}{(x-3)^2}$

❷ $\dfrac{9}{x^2(x-3)} = \dfrac{A}{x} + \dfrac{B}{x^2} + \dfrac{C}{x-3}$ とおいて

$9 = Ax(x-3) + B(x-3) + Cx^2$

$9 = (A+C)x^2 + (-3A+B)x - 3B$

$\therefore A+C=0, \quad -3A+B=0, \quad -3B=9 \qquad \therefore A=-1, \quad B=-3, \quad C=1$

$\therefore \dfrac{9}{x^2(x-3)} = -\dfrac{1}{x} - \dfrac{3}{x^2} + \dfrac{1}{x-3}$

❸ $\dfrac{2x-5}{(x+3)(x+1)^2} = \dfrac{A}{x+3} + \dfrac{B}{x+1} + \dfrac{C}{(x+1)^2}$ とおいて

$2x-5 = A(x+1)^2 + B(x+3)(x+1) + C(x+3)$

$2x-5 = (A+B)x^2 + (2A+4B+C)x + (A+3B+3C)$

$\therefore A+B=0, \quad 2A+4B+C=2, \quad A+3B+3C=-5$

$\therefore A=-\dfrac{11}{4}, \quad B=\dfrac{11}{4}, \quad C=-\dfrac{7}{2}$

$\therefore \dfrac{2x-5}{(x+3)(x+1)^2} = -\dfrac{11}{4} \cdot \dfrac{1}{x+3} + \dfrac{11}{4} \cdot \dfrac{1}{x+1} - \dfrac{7}{2} \cdot \dfrac{1}{(x+1)^2}$

❹ $\dfrac{3x+1}{(x-1)^2(x+3)} = \dfrac{A}{x-1} + \dfrac{B}{(x-1)^2} + \dfrac{C}{x+3}$ とおいて

$3x+1 = A(x-1)(x+3) + B(x+3) + C(x-1)^2$

$3x+1 = (A+C)x^2 + (2A+B-2C)x - 3A + 3B + C$

$\therefore A+C=0, \quad 2A+B-2C=3, \quad -3A+3B+C=1$

$\therefore A=\dfrac{1}{2}, \quad B=1, \quad C=-\dfrac{1}{2}$

$\dfrac{3x+1}{(x-1)^2(x+3)} = \dfrac{1}{2} \cdot \dfrac{1}{x-1} + \dfrac{1}{(x-1)^2} - \dfrac{1}{2} \cdot \dfrac{1}{x+3}$

50 の解答

❶ $\displaystyle\int\dfrac{9}{x(x-3)^2}\,dx=\int\left\{\dfrac{1}{x}-\dfrac{1}{x-3}+\dfrac{3}{(x-3)^2}\right\}dx$ 49-❶より

$\displaystyle\qquad\qquad =\log|x|-\log|x-3|-\dfrac{3}{x-3}+C=\log\left|\dfrac{x}{x-3}\right|-\dfrac{3}{x-3}+C$

❷ $\displaystyle\int\dfrac{9}{x^2(x-3)}\,dx=\int\left(-\dfrac{1}{x}-\dfrac{3}{x^2}+\dfrac{1}{x-3}\right)dx$ 49-❷より

$\displaystyle\qquad\qquad =-\log|x|+\dfrac{3}{x}+\log|x-3|+C=\log\left|\dfrac{x-3}{x}\right|+\dfrac{3}{x}+C$

❸ $\displaystyle\int\dfrac{2x-5}{(x+3)(x+1)^2}\,dx=\int\left\{-\dfrac{11}{4}\cdot\dfrac{1}{x+3}+\dfrac{11}{4}\cdot\dfrac{1}{x+1}-\dfrac{7}{2}\cdot\dfrac{1}{(x+1)^2}\right\}dx$ 49-❸より

$\displaystyle\qquad\qquad =-\dfrac{11}{4}\log|x+3|+\dfrac{11}{4}\log|x+1|+\dfrac{7}{2(x+1)}+C$

$\displaystyle\qquad\qquad =\dfrac{11}{4}\log\left|\dfrac{x+1}{x+3}\right|+\dfrac{7}{2(x+1)}+C$

❹ $\displaystyle\int\dfrac{3x+1}{(x-1)^2(x+3)}\,dx=\int\left\{\dfrac{1}{2}\cdot\dfrac{1}{x-1}+\dfrac{1}{(x-1)^2}-\dfrac{1}{2}\cdot\dfrac{1}{x+3}\right\}dx$ 49-❹より

$\displaystyle\qquad\qquad =\dfrac{1}{2}\log|x-1|-\dfrac{1}{x-1}-\dfrac{1}{2}\log|x+3|+C$

$\displaystyle\qquad\qquad =\dfrac{1}{2}\log\left|\dfrac{x-1}{x+3}\right|-\dfrac{1}{x-1}+C$

41 ～ 50

51 の解答

1 $\dfrac{x^3+1}{x(x-1)^3} = \dfrac{A}{x} + \dfrac{B}{x-1} + \dfrac{C}{(x-1)^2} + \dfrac{D}{(x-1)^3}$ とおいて

$x^3+1 = A(x-1)^3 + Bx(x-1)^2 + Cx(x-1) + Dx$

$x=0$ として　　　$1 = -A$　　　　　　　　　$\therefore A = -1$

$x=1$ として　　　$2 = D$　　　　　　　　　$\therefore D = 2$

$x=-1$ として　　$0 = -8A-4B+2C-D$　　$\therefore -2B+C = -3$

$x=2$ として　　　$9 = A+2B+2C+2D$　　$\therefore B+C = 3$

$\therefore A = -1,\ B = 2,\ C = 1,\ D = 2$

$\therefore \dfrac{x^3+1}{x(x-1)^3} = -\dfrac{1}{x} + \dfrac{2}{x-1} + \dfrac{1}{(x-1)^2} + \dfrac{2}{(x-1)^3}$

2 $\dfrac{3x^2+1}{x(x-1)^3} = \dfrac{A}{x} + \dfrac{B}{x-1} + \dfrac{C}{(x-1)^2} + \dfrac{D}{(x-1)^3}$ とおいて

$3x^2+1 = A(x-1)^3 + Bx(x-1)^2 + Cx(x-1) + Dx$

$x=0$ として　　　$1 = -A$　　　　　　　　　$\therefore A = -1$

$x=1$ として　　　$4 = D$　　　　　　　　　$\therefore D = 4$

$x=2$ として　　　$13 = A+2B+2C+2D$　　$\therefore B+C = 3$

$x=-1$ として　　$4 = -8A-4B+2C-D$　　$\therefore -2B+C = 0$

$\therefore A = -1,\ B = 1,\ C = 2,\ D = 4$

$\therefore \dfrac{3x^2+1}{x(x-1)^3} = -\dfrac{1}{x} + \dfrac{1}{x-1} + \dfrac{2}{(x-1)^2} + \dfrac{4}{(x-1)^3}$

3 $\dfrac{1}{(x-2)^2(x-3)^3} = \dfrac{A}{x-2} + \dfrac{B}{(x-2)^2} + \dfrac{C}{x-3} + \dfrac{D}{(x-3)^2} + \dfrac{E}{(x-3)^3}$ とおいて

$1 = A(x-2)(x-3)^3 + B(x-3)^3 + C(x-2)^2(x-3)^2 + D(x-2)^2(x-3) + E(x-2)^2$

$x=2$ として　　　$1 = -B$　　　　　　　　　　　　$\therefore B = -1$

$x=3$ として　　　$1 = E$　　　　　　　　　　　　$\therefore E = 1$

$x=4$ として　　　$1 = 2A+B+4C+4D+4E$　　　$\therefore A+2C+2D = -1$

$x=1$ として　　　$1 = 8A-8B+4C-2D+E$　　　$\therefore 4A+2C-D = -4$

$x=5$ として　　　$1 = 24A+8B+36C+18D+9E$　$\therefore 4A+6C+3D = 0$

$\therefore A = -3, \quad B = -1, \quad C = 3, \quad D = -2, \quad E = 1$

$\therefore \dfrac{1}{(x-2)^2(x-3)^3} = -\dfrac{3}{x-2} - \dfrac{1}{(x-2)^2} + \dfrac{3}{x-3} - \dfrac{2}{(x-3)^2} + \dfrac{1}{(x-3)^3}$

一般に $\dfrac{1}{(x-a)^2(x-b)^3}$

$= \dfrac{1}{(a-b)^4}\left\{ \dfrac{-3}{x-a} + \dfrac{a-b}{(x-a)^2} + \dfrac{3}{x-b} + \dfrac{2(a-b)}{(x-b)^2} + \dfrac{(a-b)^2}{(x-b)^3} \right\}$

52 の解答

① $\displaystyle\int \frac{x^3+1}{x(x-1)^3}\,dx = \int\left\{-\frac{1}{x}+\frac{2}{x-1}+\frac{1}{(x-1)^2}+\frac{2}{(x-1)^3}\right\}dx$ 51-**①** より

$$= -\log|x| + 2\log|x-1| - \frac{1}{x-1} - \frac{1}{(x-1)^2} + C$$

$$= \log\frac{(x-1)^2}{|x|} - \frac{1}{x-1} - \frac{1}{(x-1)^2} + C$$

② $\displaystyle\int \frac{3x^2+1}{x(x-1)^3}\,dx = \int\left\{-\frac{1}{x}+\frac{1}{x-1}+\frac{2}{(x-1)^2}+\frac{4}{(x-1)^3}\right\}dx$ 51-**②** より

$$= -\log|x| + \log|x-1| - \frac{2}{x-1} - \frac{2}{(x-1)^2} + C$$

$$= \log\left|\frac{x-1}{x}\right| - \frac{2x}{(x-1)^2} + C$$

③ $\displaystyle\int \frac{dx}{(x-2)^2(x-3)^3}$

$$= \int\left\{-\frac{3}{x-2}-\frac{1}{(x-2)^2}+\frac{3}{x-3}-\frac{2}{(x-3)^2}+\frac{1}{(x-3)^3}\right\}dx \qquad \text{51-③ より}$$

$$= -3\log|x-2| + \frac{1}{x-2} + 3\log|x-3| + \frac{2}{x-3} - \frac{1}{2(x-3)^2} + C$$

51 〜 60

53 の解答

❶ $\dfrac{x^2}{x^4+x^2-2} = \dfrac{x^2}{\left(x^2-1\right)\left(x^2+2\right)} = \dfrac{x^2}{\left(x-1\right)\left(x+1\right)\left(x^2+2\right)}$

$\dfrac{x^2}{\left(x-1\right)\left(x+1\right)\left(x^2+2\right)} = \dfrac{A}{x-1} + \dfrac{B}{x+1} + \dfrac{Cx+D}{x^2+2}$ とおいて

$x^2 = A\left(x+1\right)\left(x^2+2\right) + B\left(x-1\right)\left(x^2+2\right) + \left(Cx+D\right)\left(x-1\right)\left(x+1\right)$

$x=0$ として $\qquad 0 = 2A - 2B - D \qquad\qquad \therefore D = 2A - 2B$

$x=-1$ として $\qquad 1 = -6B \qquad\qquad\qquad \therefore B = -\dfrac{1}{6}$

$x=1$ として $\qquad 1 = 6A \qquad\qquad\qquad\quad \therefore A = \dfrac{1}{6}$

$x=2$ として $\qquad 4 = 18A + 6B + 3\left(2C+D\right) \quad \therefore C = 0$

$\therefore A = \dfrac{1}{6}, \quad B = -\dfrac{1}{6}, \quad C = 0, \quad D = \dfrac{2}{3}$

$\therefore \dfrac{x^2}{x^4+x^2-2} = \dfrac{1}{6}\cdot\dfrac{1}{x-1} - \dfrac{1}{6}\cdot\dfrac{1}{x+1} + \dfrac{2}{3}\cdot\dfrac{1}{x^2+2}$

> 観察により $\dfrac{x^2}{\left(x^2-1\right)\left(x^2+2\right)}$
>
> $= \dfrac{1}{3}\left(\dfrac{1}{x^2-1} + \dfrac{2}{x^2+2}\right) = \dfrac{1}{3}\left(\dfrac{1}{2}\cdot\dfrac{1}{x-1} - \dfrac{1}{2}\cdot\dfrac{1}{x+1} + \dfrac{2}{x^2+2}\right)$
>
> を得られる。

❷ $\dfrac{x^2}{\left(x-1\right)^2\left(x^2+1\right)} = \dfrac{A}{x-1} + \dfrac{B}{\left(x-1\right)^2} + \dfrac{Cx+D}{x^2+1}$ とおいて

$x^2 = A\left(x-1\right)\left(x^2+1\right) + B\left(x^2+1\right) + \left(Cx+D\right)\left(x-1\right)^2$

$x=0$ として $\qquad 0 = -A + B + D$

$x=1$ として $\qquad 1 = 2B \qquad\qquad\qquad\qquad \therefore B = \dfrac{1}{2}$

$x=-1$ として $\qquad 1 = -4A + 2B + 4\left(-C+D\right)$

$x=2$ として $\qquad 4 = 5A + 5B + 2C + D$

$\therefore A = \dfrac{1}{2}, \quad B = \dfrac{1}{2}, \quad C = -\dfrac{1}{2}, \quad D = 0$

$$\therefore \frac{x^2}{(x-1)^2(x^2+1)} = \frac{1}{2} \cdot \frac{1}{x-1} + \frac{1}{2} \cdot \frac{1}{(x-1)^2} - \frac{1}{2} \cdot \frac{x}{x^2+1}$$

❸ $\dfrac{x-2}{(x-1)^2(x^2-x+1)} = \dfrac{A}{x-1} + \dfrac{B}{(x-1)^2} + \dfrac{Cx+D}{x^2-x+1}$ とおいて

$x-2 = A(x-1)(x^2-x+1) + B(x^2-x+1) + (Cx+D)(x-1)^2$

$x=1$ として $\quad -1=B$

$x=2$ として $\quad\quad 0 = 3A+3B+2C+D$

$x=-1$ として $\quad -3 = -6A+3B+4(-C+D)$

$x=0$ として $\quad -2 = -A+B+D$

$\therefore A=2,\ B=-1,\ C=-2,\ D=1$

$$\therefore \frac{x-2}{(x-1)^2(x^2-x+1)} = \frac{2}{x-1} - \frac{1}{(x-1)^2} - \frac{2x-1}{x^2-x+1}$$

51
〜
60

54 の解答

❶ $\displaystyle\int \frac{x^2}{x^4-x^2-2}\,dx = \int\left(\frac{1}{6}\cdot\frac{1}{x-1}-\frac{1}{6}\cdot\frac{1}{x+1}+\frac{2}{3}\cdot\frac{1}{x^2+2}\right)dx$ 　　53-❶より

$$= \frac{1}{6}\log|x-1|-\frac{1}{6}\log|x+1|+\frac{2}{3}\cdot\frac{1}{\sqrt{2}}\mathrm{Tan}^{-1}\frac{x}{\sqrt{2}}+C$$

$$= \frac{1}{6}\log\left|\frac{x-1}{x+1}\right|+\frac{\sqrt{2}}{3}\mathrm{Tan}^{-1}\frac{x}{\sqrt{2}}+C$$

❷ $\displaystyle\int \frac{x^2}{(x-1)^2(x^2+1)}\,dx = \int\left\{\frac{1}{2}\cdot\frac{1}{x-1}+\frac{1}{2}\cdot\frac{1}{(x-1)^2}-\frac{1}{2}\cdot\frac{x}{x^2+1}\right\}dx$ 　　53-❷より

$$= \frac{1}{2}\log|x-1|-\frac{1}{2}\cdot\frac{1}{x-1}-\frac{1}{2}\cdot\frac{1}{2}\int\frac{2x}{x^2+1}\,dx$$

$$= \frac{1}{2}\log|x-1|-\frac{1}{2(x-1)}-\frac{1}{4}\log(x^2+1)+C$$

❸ $\displaystyle\int \frac{x-2}{(x-1)^2(x^2-x+1)}\,dx = \int\left\{\frac{2}{x-1}-\frac{1}{(x-1)^2}-\frac{2x-1}{x^2-x+1}\right\}dx$ 　　53-❸より

$$= 2\log|x-1|+\frac{1}{x-1}-\log(x^2-x+1)+C$$

❶

$$\frac{1}{1-x^4}=\frac{1}{(1-x^2)(1+x^2)}=\frac{1}{2}\left(\frac{1}{1-x^2}+\frac{1}{1+x^2}\right)$$

$$=\frac{1}{2}\left\{\frac{1}{(1-x)(1+x)}+\frac{1}{1+x^2}\right\}=\frac{1}{2}\left(\frac{1}{2}\cdot\frac{1}{1-x}+\frac{1}{2}\cdot\frac{1}{1+x}+\frac{1}{1+x^2}\right)$$

$$=\frac{1}{4}\cdot\frac{1}{1-x}+\frac{1}{4}\cdot\frac{1}{1+x}+\frac{1}{2}\cdot\frac{1}{1+x^2}$$

❷

$$\frac{1}{1-x^6}=\frac{1}{(1-x^3)(1+x^3)}=\frac{1}{2}\left(\frac{1}{1-x^3}+\frac{1}{1+x^3}\right)$$

$$=\frac{1}{2}\left\{\frac{1}{(1-x)(1+x+x^2)}+\frac{1}{(1+x)(1-x+x^2)}\right\}$$

$$\frac{1}{(1-x)(1+x+x^2)}=\frac{A}{1-x}+\frac{Bx+C}{1+x+x^2}\ とおいて$$

$$1=A(1+x+x^2)+(Bx+C)(1-x)$$

$x=0$ として　　　$1=A+C$

$x=1$ として　　　$1=3A$ 　　　　　　　$\therefore A=\dfrac{1}{3},\ C=\dfrac{2}{3}$

$x=-1$ として　　$1=A+2(-B+C)$ 　　$\therefore B=\dfrac{1}{3}$

$$\frac{1}{(1+x)(1-x+x^2)}=\frac{D}{1+x}+\frac{Ex+F}{1-x+x^2}\ とおいて$$

$$1=D(1-x+x^2)+(Ex+F)(1+x)$$

$x=0$ として　　　$1=D+F$

$x=-1$ として　　$1=3D$ 　　　　　　　$\therefore D=\dfrac{1}{3},\ F=\dfrac{2}{3}$

$x=1$ として　　　$1=D+2(E+F)$ 　　$\therefore E=-\dfrac{1}{3}$

$$\therefore \frac{1}{1-x^6}=\frac{1}{2}\left(\frac{1}{3}\cdot\frac{1}{1-x}+\frac{1}{3}\cdot\frac{x+2}{1+x+x^2}+\frac{1}{3}\cdot\frac{1}{1+x}-\frac{1}{3}\cdot\frac{x-2}{1-x+x^2}\right)$$

$$=\frac{1}{6}\cdot\frac{1}{1-x}+\frac{1}{6}\cdot\frac{1}{1+x}+\frac{1}{6}\cdot\frac{x+2}{1+x+x^2}-\frac{1}{6}\cdot\frac{x-2}{1-x+x^2}$$

56 の解答

❶ $\displaystyle\int \frac{dx}{1-x^4} = \int \left(\frac{1}{4}\cdot\frac{1}{1-x} + \frac{1}{4}\cdot\frac{1}{1+x} + \frac{1}{2}\cdot\frac{1}{1+x^2} \right)dx$ 55-❶より

$\displaystyle = \frac{-1}{4}\log|1-x| + \frac{1}{4}\log|1+x| + \frac{1}{2}\mathrm{Tan}^{-1}x + C$

$\displaystyle = \frac{1}{4}\log\left|\frac{1+x}{1-x}\right| + \frac{1}{2}\mathbf{Tan^{-1}}x + C$

❷ $\displaystyle\int \frac{dx}{1-x^6}$

$\displaystyle = \int \left(\frac{1}{6}\cdot\frac{1}{1-x} + \frac{1}{6}\cdot\frac{1}{1+x} + \frac{1}{6}\cdot\frac{x+2}{1+x+x^2} - \frac{1}{6}\cdot\frac{x-2}{1-x+x^2} \right)dx$ 55-❷より

$\displaystyle = -\frac{1}{6}\log|1-x| + \frac{1}{6}\log|1+x| + \frac{1}{6}\int\left(\frac{1}{2}\cdot\frac{2x+1+3}{1+x+x^2}dx - \frac{1}{2}\cdot\frac{2x-1-3}{1-x+x^2} \right)dx$

$\displaystyle = \frac{1}{6}\log\left|\frac{1+x}{1-x}\right| + \frac{1}{6}\left\{ \frac{1}{2}\int\frac{\left(1+x+x^2\right)'}{1+x+x^2}dx + \frac{3}{2}\int\frac{dx}{\left(x+\frac{1}{2}\right)^2 + \left(\frac{\sqrt{3}}{2}\right)^2} \right.$

$\displaystyle \left. \qquad - \frac{1}{2}\int\frac{\left(1-x+x^2\right)'}{1-x+x^2}dx + \frac{3}{2}\int\frac{dx}{\left(x-\frac{1}{2}\right)^2 + \left(\frac{\sqrt{3}}{2}\right)^2} \right\}$

$\displaystyle = \frac{1}{6}\log\left|\frac{1+x}{1-x}\right| + \frac{1}{12}\log\left(1+x+x^2\right) + \frac{1}{4}\cdot\frac{2}{\sqrt{3}}\mathrm{Tan}^{-1}\frac{2x+1}{\sqrt{3}}$

$\displaystyle \qquad - \frac{1}{12}\log\left(1-x+x^2\right) + \frac{1}{4}\cdot\frac{2}{\sqrt{3}}\mathrm{Tan}^{-1}\frac{2x-1}{\sqrt{3}} + C$

$\displaystyle = \frac{1}{6}\log\left|\frac{1+x}{1-x}\right| + \frac{1}{12}\log\frac{1+x+x^2}{1-x+x^2} + \frac{1}{2\sqrt{3}}\left(\mathbf{Tan^{-1}}\frac{2x+1}{\sqrt{3}} + \mathbf{Tan^{-1}}\frac{2x-1}{\sqrt{3}} \right) + C$

57 の解答

1 $2x=t$ とおいて $\quad dx=\dfrac{1}{2}dt$

$$\int \cos 2x\,dx = \int \cos t\cdot\dfrac{1}{2}dt = \dfrac{1}{2}\int \cos t\,dt = \dfrac{1}{2}\sin t + C = \dfrac{1}{2}\sin 2x + C$$

2 $3x=t$ とおいて $\quad dx=\dfrac{1}{3}dt$

$$\int \sin 3x\,dx = \int \sin t\cdot\dfrac{1}{3}dt = \dfrac{1}{3}\int \sin t\,dt = -\dfrac{1}{3}\cos t + C = -\dfrac{1}{3}\cos 3x + C$$

3 $3x+5=t$ とおいて $\quad dx=\dfrac{1}{3}dt$

$$\int \cos(3x+5)\,dx = \int \cos t\cdot\dfrac{1}{3}dt = \dfrac{1}{3}\sin t + C = \dfrac{1}{3}\sin(3x+5) + C$$

4 $4x-1=t$ とおいて $\quad dx=\dfrac{1}{4}dt$

$$\int \sin(4x-1)\,dx = \int \sin t\cdot\dfrac{1}{4}dt = \dfrac{1}{4}\int \sin t\,dt = \dfrac{1}{4}(-\cos t) + C$$
$$= -\dfrac{1}{4}\cos(4x-1) + C$$

5 $2x=t$ とおいて $\quad dx=\dfrac{1}{2}dt$

$$\int e^{2x}\,dx = \int e^t\cdot\dfrac{1}{2}dt = \dfrac{1}{2}\int e^t\,dt = \dfrac{1}{2}e^t + C = \dfrac{1}{2}e^{2x} + C$$

6 $-x=t$ とおいて $\quad dx=-dt$

$$\int e^{-x}\,dx = \int e^t(-dt) = -\int e^t\,dt = -e^t + C = -e^{-x} + C$$

7 $\dfrac{x}{3}=t$ とおいて $\quad dx=3dt$

$$\int \cos\dfrac{x}{3}\,dx = \int \cos t\cdot 3\,dt = 3\int \cos t\,dt = 3\sin\dfrac{x}{3} + C$$

8 $\dfrac{x}{2}=t$ とおいて $\quad dx=2dt$

$$\int \sin\dfrac{x}{2}\,dx = \int \sin t\cdot 2\,dt = 2\int \sin t\,dt = -2\cos\dfrac{x}{2} + C$$

51 〜 60

58 の解答

1 $\sin x = t$ とおいて $\cos x\,dx = dt$

$$\int \sin^2 x \cos x\,dx = \int t^2\,dt = \frac{1}{3}t^3 + C = \frac{1}{3}\sin^3 x + C$$

2 $\cos x = t$ とおいて $\sin x\,dx = -dt$

$$\int \cos^2 x \sin x\,dx = \int t^2(-dt) = -\int t^2\,dt = -\frac{1}{3}t^3 + C = -\frac{1}{3}\cos^3 x + C$$

3 $\cos x = t$ とおいて $\sin x\,dx = -dt$

$$\int \sin^3 x\,dx = \int \sin^2 x \cdot \sin x\,dx = \int (1 - \cos^2 x)\sin x\,dx = \int (1 - t^2)(-dt)$$

$$= \int (t^2 - 1)\,dt = \frac{1}{3}t^3 - t + C = \frac{1}{3}\cos^3 x - \cos x + C$$

4 $\sin x = t$ とおいて $\cos x\,dx = dt$

$$\int \cos^5 x\,dx = \int \cos^4 x \cdot \cos x\,dx = \int (1 - \sin^2 x)^2 \cos x\,dx = \int (1 - t^2)^2\,dt$$

$$= \int (1 - 2t^2 + t^4)\,dt = t - \frac{2}{3}t^3 + \frac{1}{5}t^5 + C = \sin x - \frac{2}{3}\sin^3 x + \frac{1}{5}\sin^5 x + C$$

51
〜
60

5 $x^2 = t$ とおいて $2x\,dx = dt, \quad x\,dx = \frac{1}{2}dt$

$$\int x e^{x^2}\,dx = \int e^{x^2} \cdot x\,dx = \int e^t \cdot \frac{1}{2}dt = \frac{1}{2}\int e^t\,dt = \frac{1}{2}e^{x^2} + C$$

6 $1 + e^x = t$ とおいて $e^x dx = dt$

$$\int e^x(1 + e^x)^2\,dx = \int t^2\,dt = \frac{1}{3}t^3 + C = \frac{1}{3}(1 + e^x)^3 + C$$

7 $\sin x = t$ とおいて $\cos x\,dx = dt$

$$\int \frac{\cos x}{a + b\sin x}\,dx = \int \frac{dt}{a + bt} = \frac{1}{b}\log|a + bt| + C = \frac{1}{b}\log|a + b\sin x| + C$$

59 の解答

1 $x^2+1=t$ とおくと　　$2x\,dx=dt,\ x\,dx=\dfrac{1}{2}dt$

$$\int \dfrac{x}{x^2+1}\,dx = \int \dfrac{1}{t}\cdot\dfrac{1}{2}dt = \dfrac{1}{2}\int\dfrac{dt}{t} = \dfrac{1}{2}\log|t|+C = \dfrac{1}{2}\log\left(x^2+1\right)+C$$

2 $\sqrt{x+1}=t$ とおくと　　$x+1=t^2,\ x=t^2-1,\ dx=2t\,dt$

$$\int x\sqrt{x+1}\,dx = \int \left(t^2-1\right)\cdot t\cdot 2t\,dt = 2\int\left(t^4-t^2\right)dt = 2\left(\dfrac{1}{5}t^5-\dfrac{1}{3}t^3\right)+C$$

$$= \dfrac{2}{5}t^5-\dfrac{2}{3}t^3+C = \dfrac{2}{5}\left(\sqrt{x+1}\right)^5-\dfrac{2}{3}\left(\sqrt{x+1}\right)^3+C$$

$$= \dfrac{2}{5}\left(x+1\right)^2\sqrt{x+1}-\dfrac{2}{3}\left(x+1\right)\sqrt{x+1}+C$$

3 $x^2+1=t$ とおくと　　$2x\,dx=dt,\ x\,dx=\dfrac{1}{2}dt$

$$\int \dfrac{x}{\left(x^2+1\right)^2}\,dx = \int \dfrac{1}{t^2}\cdot\dfrac{1}{2}dt = \dfrac{1}{2}\int\dfrac{1}{t^2}dt = \dfrac{1}{2}\left(-\dfrac{1}{t}\right)+C = -\dfrac{1}{2\left(x^2+1\right)}+C$$

4 $1-x^2=t$ おくと　　$-2x\,dx=dt,\ x\,dx=-\dfrac{1}{2}dt$

$$\int x\sqrt{1-x^2}\,dx = \int \sqrt{t}\left(-\dfrac{1}{2}dt\right) = -\dfrac{1}{2}\int\sqrt{t}\,dt = -\dfrac{1}{2}\int t^{\frac{1}{2}}\,dt$$

$$= -\dfrac{1}{2}\cdot\dfrac{2}{3}t^{\frac{3}{2}}+C = -\dfrac{1}{3}\left(1-x^2\right)^{\frac{3}{2}}+C = -\dfrac{1}{3}\left(1-x^2\right)\sqrt{1-x^2}+C$$

5 $x^2+1=t$ とおくと　　$2x\,dx=dt,\ x\,dx=\dfrac{1}{2}dt$

$$\int \left(x^2+1\right)^2 x\,dx = \int t^2\cdot\dfrac{1}{2}dt = \dfrac{1}{2}\int t^2\,dt = \dfrac{1}{2}\cdot\dfrac{1}{3}t^3+C = \dfrac{1}{6}\left(x^2+1\right)^3+C$$

51 ～ 60

60 の解答

$\tan\dfrac{x}{2}=t$ とおくと　　$\cos x=\dfrac{1-t^2}{1+t^2},\quad \sin x=\dfrac{2t}{1+t^2},\quad dx=\dfrac{2dt}{1+t^2}$

❶ $\displaystyle\int\dfrac{dx}{\sin x}=\int\dfrac{1+t^2}{2t}\cdot\dfrac{2dt}{1+t^2}=\int\dfrac{1}{t}dt=\log|t|+C=\log\left|\tan\dfrac{x}{2}\right|+C$

❷ $\displaystyle\int\dfrac{dx}{1+\cos x}=\int\dfrac{1}{1+\dfrac{1-t^2}{1+t^2}}\cdot\dfrac{2}{1+t^2}dt=\int\dfrac{2}{\left(1+t^2\right)+\left(1-t^2\right)}dt=\int dt=t+C$

$\qquad\quad =\tan\dfrac{x}{2}+C$

❸ $\displaystyle\int\dfrac{dx}{1+\cos x+\sin x}=\int\dfrac{1}{1+\dfrac{1-t^2}{1+t^2}+\dfrac{2t}{1+t^2}}\cdot\dfrac{2}{1+t^2}dt=\int\dfrac{1}{t+1}dt$

$\qquad\quad =\log|t+1|+C=\log\left|\tan\dfrac{x}{2}+1\right|+C$

61 の解答

❶ $\displaystyle\int \log x\,dx = \int (x)' \log x\,dx = x\log x - \int x(\log x)'\,dx = x\log x - \int x\cdot\frac{1}{x}\,dx$

$\displaystyle = x\log x - \int dx = \boldsymbol{x\log x - x + C}$

❷ $\displaystyle\int x\log x\,dx = \int\left(\frac{1}{2}x^2\right)'\log x\,dx = \frac{1}{2}x^2\log x - \int \frac{1}{2}x^2(\log x)'\,dx$

$\displaystyle = \frac{1}{2}x^2\log x - \int \frac{1}{2}x^2\cdot\frac{1}{x}\,dx = \frac{1}{2}x^2\log x - \frac{1}{2}\int x\,dx = \boldsymbol{\frac{1}{2}x^2\log x - \frac{1}{4}x^2 + C}$

❸ $\displaystyle\int x\cos x\,dx = \int x(\sin x)'\,dx = x\sin x - \int (x)'\sin x\,dx = x\sin x - \int \sin x\,dx$

$\displaystyle = \boldsymbol{x\sin x + \cos x + C}$

❹ $\displaystyle\int xe^x\,dx = \int x(e^x)'\,dx = xe^x - \int (x)'e^x\,dx = xe^x - \int e^x\,dx = xe^x - e^x + C$

$\displaystyle = \boldsymbol{(x-1)e^x + C}$

❺ $\displaystyle\int x^2\log x\,dx = \frac{1}{3}x^3\log x - \frac{1}{3}\int x^3\cdot\frac{1}{x}\,dx = \frac{1}{3}x^3\log x - \frac{1}{3}\int x^2\,dx$

$\displaystyle = \frac{1}{3}x^3\log x - \frac{1}{9}x^3 + C = \boldsymbol{\frac{1}{9}x^3(3\log x - 1) + C}$

❻ $\displaystyle\int x^2\sin x\,dx = -x^2\cos x + \int 2x\cos x\,dx = -x^2\cos x + 2\int x\cos x\,dx$

$\displaystyle = \boxed{\boldsymbol{-x^2\cos x + 2(x\sin x + \cos x) + C}}$ ❸の結果より

❼ $\displaystyle\int (\log x)^2\,dx = x(\log x)^2 - \int x\cdot 2\log x\cdot\frac{1}{x}\,dx = x(\log x)^2 - 2\int \log x\,dx$

$\displaystyle = \boldsymbol{x(\log x)^2 - 2x(\log x - 1) + C}$ ❶の結果より

62 の解答

❶
$$\int \sqrt{a^2-x^2}\,dx = \int (x)' \sqrt{a^2-x^2}\,dx = x\sqrt{a^2-x^2} - \int x\left(\sqrt{a^2-x^2}\right)' dx$$

$$= x\sqrt{a^2-x^2} - \int x \cdot \frac{1}{2}\left(a^2-x^2\right)^{-\frac{1}{2}}(-2x)\,dx$$

$$= x\sqrt{a^2-x^2} + \int \frac{x^2}{\sqrt{a^2-x^2}}\,dx = x\sqrt{a^2-x^2} - \int \frac{\left(a^2-x^2\right)-a^2}{\sqrt{a^2-x^2}}\,dx$$

$$= x\sqrt{a^2-x^2} - \int \sqrt{a^2-x^2}\,dx + a^2\int \frac{dx}{\sqrt{a^2-x^2}}$$

$$\therefore 2\int \sqrt{a^2-x^2}\,dx = x\sqrt{a^2-x^2} + a^2\operatorname{Sin}^{-1}\frac{x}{a} + C$$

$$\therefore \int \sqrt{a^2-x^2}\,dx = \frac{1}{2}\left(x\sqrt{a^2-x^2} + a^2\operatorname{Sin}^{-1}\frac{x}{a}\right) + C$$

❷
$$\int \sqrt{x^2+A}\,dx = \int (x)' \sqrt{x^2+A}\,dx = x\sqrt{x^2+A} - \int x\left(\sqrt{x^2+A}\right)' dx$$

$$= x\sqrt{x^2+A} - \int x\cdot\frac{1}{2}\left(x^2+A\right)^{-\frac{1}{2}}2x\,dx = x\sqrt{x^2+A} - \int \frac{x^2}{\sqrt{x^2+A}}\,dx$$

$$= x\sqrt{x^2+A} - \int \frac{x^2+A-A}{\sqrt{x^2+A}}\,dx$$

$$= x\sqrt{x^2+A} - \int \sqrt{x^2+A}\,dx + A\int \frac{dx}{\sqrt{x^2+A}}$$

$$\therefore 2\int \sqrt{x^2+A}\,dx = x\sqrt{x^2+A} + A\log\left|x+\sqrt{x^2+A}\right| + C$$

$$\therefore \int \sqrt{x^2+A}\,dx = \frac{1}{2}\left(x\sqrt{x^2+A} + A\log\left|x+\sqrt{x^2+A}\right|\right) + C$$

❸ $\displaystyle \int \sqrt{1-x^2}\,dx = \frac{1}{2}\left(x\sqrt{1-x^2} + \operatorname{Sin}^{-1}x\right) + C$

❹ $\displaystyle \int \sqrt{x^2+1}\,dx = \frac{1}{2}\left(x\sqrt{x^2+1} + \log\left(x+\sqrt{x^2+1}\right)\right) + C$

63 の解答

❶ $\displaystyle\int \mathrm{Sin}^{-1}x\,dx = \int (x)' \mathrm{Sin}^{-1}x\,dx = x\mathrm{Sin}^{-1}x - \int x\left(\mathrm{Sin}^{-1}x\right)' dx$

$\displaystyle = x\mathrm{Sin}^{-1}x - \int x\cdot\frac{1}{\sqrt{1-x^2}}dx = x\mathrm{Sin}^{-1}x - \int \frac{x}{\sqrt{1-x^2}}dx$

2項目で $1-x^2=t$ とおくと $\quad -2x\,dx=dt,\quad x\,dt=-\dfrac{1}{2}dt$

$\displaystyle\int \frac{x}{\sqrt{1-x^2}}dt = \int \frac{1}{\sqrt{t}}\left(-\frac{1}{2}\right)dt = -\frac{1}{2}\int t^{-\frac{1}{2}}dt = -\frac{1}{2}\cdot 2t^{\frac{1}{2}} = -\sqrt{t} = -\sqrt{1-x^2}$

$\displaystyle\therefore \int \mathrm{Sin}^{-1}x\,dx = x\mathbf{Sin}^{-1}x + \sqrt{1-x^2} + C$

❷ $\displaystyle\int \mathrm{Tan}^{-1}x\,dx = \int (x)' \mathrm{Tan}^{-1}x\,dx = x\mathrm{Tan}^{-1}x - \int x\left(\mathrm{Tan}^{-1}x\right)' dx$

$\displaystyle = x\mathrm{Tan}^{-1}x - \int x\cdot\frac{1}{x^2+1}dx = x\mathrm{Tan}^{-1}x - \int \frac{x}{x^2+1}dx$

$\displaystyle = x\mathrm{Tan}^{-1}x - \frac{1}{2}\int \frac{2x}{x^2+1}dx = x\mathbf{Tan}^{-1}x - \frac{1}{2}\log\left(x^2+1\right) + C$

61 〜 70

64 の解答

❶ $I = \displaystyle\int e^{ax}\sin bx\,dx$ とおくと

$$I = \int e^{ax}\left(-\frac{1}{b}\cos bx\right)' dx = -\frac{1}{b}e^{ax}\cos bx + \frac{1}{b}\int (e^{ax})'\cos bx\,dx$$

$$= -\frac{1}{b}e^{ax}\cos bx + \frac{a}{b}\int e^{ax}\cos bx\,dx$$

$$= -\frac{1}{b}e^{ax}\cos bx + \frac{a}{b}\left\{\frac{1}{b}e^{ax}\sin bx - \frac{1}{b}\int (e^{ax})'\sin bx\,dx\right\}$$

$$= -\frac{1}{b}e^{ax}\cos bx + \frac{a}{b^2}e^{ax}\sin bx - \frac{a^2}{b^2}I$$

$$\therefore \left(1+\frac{a^2}{b^2}\right)I = -\frac{1}{b}e^{ax}\cos bx + \frac{a}{b^2}e^{ax}\sin bx + C$$

$$\therefore I = \frac{b^2}{a^2+b^2}e^{ax}\left(-\frac{1}{b}\cos bx + \frac{a}{b^2}\sin bx\right) + C$$

$$\therefore \int e^{ax}\sin bx\,dx = \frac{e^{ax}}{a^2+b^2}(-b\cos bx + a\sin bx) + C$$

❷ $J = \displaystyle\int e^{ax}\cos bx\,dx$ とおくと

$$J = \int e^{ax}\left(\frac{1}{b}\sin bx\right)' dx = \frac{1}{b}e^{ax}\sin bx - \frac{a}{b}\int e^{ax}\sin bx\,dx$$

$$= \frac{1}{b}e^{ax}\sin bx - \frac{a}{b}\left(-\frac{1}{b}e^{ax}\cos bx + \frac{1}{b}\int ae^{ax}\cos bx\,dx\right)$$

$$= \frac{1}{b}e^{ax}\sin bx + \frac{a}{b^2}e^{ax}\cos bx - \frac{a^2}{b^2}J$$

$$\therefore \left(1+\frac{a^2}{b^2}\right)J = e^{ax}\left(\frac{1}{b}\sin bx + \frac{a}{b^2}\cos bx\right) + C$$

$$\therefore J = \frac{b^2}{a^2+b^2}e^{ax}\left(\frac{1}{b}\sin bx + \frac{a}{b^2}\cos bx\right) + C$$

$$\therefore \int e^{ax}\cos bx\,dx = \frac{e^{ax}}{a^2+b^2}(b\sin bx + a\cos bx) + C$$

61 ～ 70

65の解答

❶
$$I_n = \int \sin^n x\, dx = \int \sin x \sin^{n-1} x\, dx$$

$$= -\cos x \sin^{n-1} x - \int (-\cos x)(n-1)\sin^{n-2} x \cdot \cos x\, dx$$

$$= -\sin^{n-1} x \cos x + (n-1)\int (1-\sin^2 x)\sin^{n-2} x\, dx$$

$$= -\sin^{n-1} x \cos x + (n-1)\left(\int \sin^{n-2} x\, dx - \int \sin^n x\, dx \right)$$

$$= -\sin^{n-1} x \cos x + (n-1)(I_{n-2} - I_n)$$

$$\therefore I_n = -\frac{1}{n}\sin^{n-1} x \cos x + \frac{n-1}{n} I_{n-2} \quad (n \neq 0)$$

❷
$$I_0 = \int 1\, dx = x + C$$

❸
$$I_1 = \int \sin x\, dx = -\cos x + C$$

❹
$$I_2 = -\frac{1}{2}\sin x \cos x + \frac{1}{2}I_0 = -\frac{1}{2}\sin x \cos x + \frac{1}{2}x + C$$

❺
$$I_3 = -\frac{1}{3}\sin^2 x \cos x + \frac{2}{3}I_1$$

$$= -\frac{1}{3}\sin^2 x \cos x - \frac{2}{3}\cos x + C$$

❻
$$I_4 = -\frac{1}{4}\sin^3 x \cos x + \frac{3}{4}I_2$$

$$= -\frac{1}{4}\sin^3 x \cos x + \frac{3}{4}\left(-\frac{1}{2}\sin x \cos x + \frac{1}{2}x \right) + C$$

$$= -\frac{1}{4}\sin^3 x \cos x - \frac{3}{8}\sin x \cos x + \frac{3}{8}x + C$$

61
〜
70

66 の解答

❶ $I_n = \displaystyle\int \cos^n x\, dx = \int \cos x \cos^{n-1} x\, dx$

$= \sin x \cos^{n-1} x - \displaystyle\int \sin x (n-1)\cos^{n-2} x(-\sin x)\, dx$

$= \sin x \cos^{n-1} x + (n-1)\displaystyle\int (1-\cos^2 x)\cos^{n-2} x\, dx$

$= \sin x \cos^{n-1} x + (n-1)(I_{n-2} - I_n)$

$\therefore I_n = \dfrac{1}{n}\sin x \cos^{n-1} x + \dfrac{n-1}{n} I_{n-2} \quad (n \neq 0)$

❷ $I_0 = \displaystyle\int 1\, dx = x + C$

❸ $I_1 = \displaystyle\int \cos x\, dx = \sin x + C$

❹ $I_2 = \dfrac{1}{2}\sin x \cos x + \dfrac{1}{2} I_0 = \dfrac{1}{2}\sin x \cos x + \dfrac{1}{2}x + C$

❺ $I_3 = \dfrac{1}{3}\sin x \cos^2 x + \dfrac{2}{3} I_1$

$= \dfrac{1}{3}\sin x \cos^2 x + \dfrac{2}{3}\sin x + C$

❻ $I_4 = \dfrac{1}{4}\sin x \cos^3 x + \dfrac{3}{4} I_2$

$= \dfrac{1}{4}\sin x \cos^3 x + \dfrac{3}{4}\left(\dfrac{1}{2}\sin x \cos x + \dfrac{1}{2}x\right) + C$

$= \dfrac{1}{4}\sin x \cos^3 x + \dfrac{3}{8}\sin x \cos x + \dfrac{3}{8}x + C$

61 〜 70

67 の解答

❶ $I_n = -\dfrac{1}{n}\sin^{n-1}x\cos x + \dfrac{n-1}{n}I_{n-2}$ より

$$I_{n-2} = \dfrac{n}{n-1}I_n + \dfrac{1}{n-1}\sin^{n-1}x\cos x$$

❷ $\displaystyle\int \dfrac{dx}{\sin^3 x} = I_{-3}$ であり，❶で得られた式で $n=-1$ として

$$I_{-3} = \dfrac{-1}{-2}I_{-1} + \dfrac{1}{-1-1}\sin^{-2}x\cos x$$

$$I_{-1} = \int \dfrac{1}{\sin x}\,dx = \log\left|\tan\dfrac{x}{2}\right| + C \text{ より} \qquad \text{60-❶より}$$

$$I_{-3} = \dfrac{1}{2}\log\left|\tan\dfrac{x}{2}\right| - \dfrac{1}{2}\cdot\dfrac{\cos x}{\sin^2 x} + C$$

68 の解答

❶ $I_n = \dfrac{1}{n}\sin x\cos^{n-1}x + \dfrac{n-1}{n}I_{n-2}$ より

$$I_{n-2} = \frac{n}{n-1}I_n - \frac{1}{n-1}\sin x\cos^{n-1}x$$

❷ $\displaystyle\int \dfrac{dx}{\cos^3 x} = I_{-3}$ であり，**❶**で得られた式で$n=-1$として

$$I_{-3} = \frac{-1}{-2}I_{-1} - \frac{1}{-2}\sin x\cos^{-2}x = \frac{1}{2}I_{-1} + \frac{\sin x}{2\cos^2 x}$$

$I_{-1} = \displaystyle\int \dfrac{1}{\cos x}dx$ を求める。

$\tan\dfrac{x}{2} = t$ とおいて $\quad \cos x = \dfrac{1-t^2}{1+t^2}, \quad dx = \dfrac{2}{1+t^2}dt$

$$I_{-1} = \int \frac{1+t^2}{1-t^2}\cdot\frac{2}{1+t^2}dt = \int \frac{2}{1-t^2}dt = -\int \frac{2}{t^2-1}dt$$

$$= -\int\left(\frac{1}{t-1} - \frac{1}{t+1}\right)dt = -\left(\log|t-1| - \log|t+1|\right)$$

$$= -\log\left|\frac{t-1}{t+1}\right| = -\log\left|\frac{\tan\dfrac{x}{2}-1}{\tan\dfrac{x}{2}+1}\right| \text{ より}$$

$$I_{-3} = -\frac{1}{2}\log\left|\frac{\tan\dfrac{x}{2}-1}{\tan\dfrac{x}{2}+1}\right| + \frac{\sin x}{2\cos^2 x} + C$$

⑥⑨の解答

❶ $I(m, n) = \displaystyle\int \sin^m x \cos^n x\, dx = \int \sin^m x \cos^{n-1} x \cos x\, dx$

$= \dfrac{1}{m+1} \sin^{m+1} x \cos^{n-1} x - \dfrac{1}{m+1} \displaystyle\int \sin^{m+1} x (n-1) \cos^{n-2} x (-\sin x)\, dx$

$= \dfrac{1}{m+1} \sin^{m+1} x \cos^{n-1} x + \dfrac{n-1}{m+1} \displaystyle\int \sin^m x \cos^{n-2} x \sin^2 x\, dx$

$= \dfrac{1}{m+1} \sin^{m+1} x \cos^{n-1} x + \dfrac{n-1}{m+1} \displaystyle\int \sin^m x \cos^{n-2} x (1 - \cos^2 x)\, dx$

$= \dfrac{1}{m+1} \sin^{m+1} x \cos^{n-1} x + \dfrac{n-1}{m+1} \{ I(m, n-2) - I(m, n) \}$

$\therefore I = \dfrac{1}{m+n} \sin^{m+1} x \cos^{n-1} x + \dfrac{n-1}{m+n} I(m, n-2),\ (m+n \neq 0)$

❷ $\displaystyle\int \sin^4 x \cos^2 x\, dx = I(4, 2) = \dfrac{1}{6} \sin^5 x \cos x + \dfrac{1}{5} I(4, 0)$

$I(4, 0) = \displaystyle\int \sin^4 x\, dx = -\dfrac{1}{4} \sin^3 x \cos x - \dfrac{3}{8} \sin x \cos x + \dfrac{3}{8} x$ より　　　⑥⑤-❻より

$\displaystyle\int \sin^4 x \cos^2 x\, dx = \dfrac{1}{6} \sin^5 x \cos x + \dfrac{1}{5}\left(-\dfrac{1}{4} \sin^3 x \cos x - \dfrac{3}{8} \sin x \cos x + \dfrac{3}{8} x \right) + C$

61
⌇
70

70の解答

❶ $I(m, n) = \displaystyle\int \sin^m x \cos^n x\, dx = \int \sin^{m-1} x \cos^n x \sin x\, dx$

$= -\dfrac{1}{n+1} \sin^{m-1} x \cos^{n+1} x + \dfrac{1}{n+1} \displaystyle\int (m-1)\sin^{m-2} x \cos x \cos^{n+1} x\, dx$

$= -\dfrac{1}{n+1} \sin^{m-1} x \cos^{n+1} x + \dfrac{m-1}{n+1} \displaystyle\int \sin^{m-2} x \cos^2 x \cos^n x\, dx$

$= -\dfrac{1}{n+1} \sin^{m-1} x \cos^{n+1} x + \dfrac{m-1}{n+1} \displaystyle\int \sin^{m-2} x (1 - \sin^2 x)\cos^n x\, dx$

$= -\dfrac{1}{n+1} \sin^{m-1} x \cos^{n+1} x + \dfrac{m-1}{n+1} \left\{ I(m-2, n) - I(m, n) \right\}$

$\therefore\ I(m-2, n) = \dfrac{1}{m-1} \sin^{m-1} x \cos^{n+1} x + \dfrac{m+n}{m-1} I(m, n)$

m を $m+2$ として

$\therefore\ \boldsymbol{I(m, n) = \dfrac{1}{m+1} \sin^{m+1} x \cos^{n+1} x + \dfrac{m+n+2}{m+1} I(m+2, n)} \quad (m \neq -1)$

❷ $\displaystyle\int \dfrac{\cos^4 x}{\sin^2 x}\, dx = I(-2, 4) = \dfrac{1}{-2+1} \sin^{-1} x \cos^5 x + \dfrac{-2+4+2}{-2+1} I(0, 4)$

$= -\dfrac{\cos^5 x}{\sin x} - 4 \displaystyle\int \cos^4 x\, dx$

$= -\dfrac{\cos^5 x}{\sin x} - 4 \left(\dfrac{1}{4} \sin x \cos^3 x + \dfrac{3}{8} \sin x \cos x + \dfrac{3}{8} x \right) + C$

66-❻より

❶
$$I_{n-1} = \int \frac{dx}{\left(x^2+a^2\right)^{n-1}} = \frac{x}{\left(x^2+a^2\right)^{n-1}} - \int x \cdot (-n+1) \cdot 2x \cdot \frac{1}{\left(x^2+a^2\right)^n} dx$$

$$= \frac{x}{\left(x^2+a^2\right)^{n-1}} + 2(n-1)\int \frac{x^2}{\left(x^2+a^2\right)^n} dx$$

$$= \frac{x}{\left(x^2+a^2\right)^{n-1}} + 2(n-1)\int \frac{x^2+a^2-a^2}{\left(x^2+a^2\right)^n} dx$$

$$= \frac{x}{\left(x^2+a^2\right)^{n-1}} + 2(n-1)\left(I_{n-1} - a^2 I_n\right)$$

$$2a^2(n-1)I_n = \frac{x}{\left(x^2+a^2\right)^{n-1}} + (2n-3)I_{n-1}$$

$$\therefore I_n = \frac{1}{2a^2(n-1)}\left\{\frac{x}{\left(x^2+a^2\right)^{n-1}} + (2n-3)I_{n-1}\right\} \quad (n \geq 2)$$

❷ $I_1 = \int \frac{dx}{x^2+a^2} = \frac{1}{a}\mathrm{Tan}^{-1}\frac{x}{a} + C$

❸ $I_2 = \frac{1}{2a^2}\left\{\frac{x}{x^2+a^2} + I_1\right\} = \frac{1}{2a^2}\left\{\frac{x}{x^2+a^2} + \frac{1}{a}\mathrm{Tan}^{-1}\frac{x}{a}\right\} + C$

❶
$$I_n = \int (\log x)^n dx = x(\log x)^n - \int x \cdot n(\log x)^{n-1}\frac{1}{x}dx$$
$$= x(\log x)^n - n\int (\log x)^{n-1} dx = x(\log x)^n - nI_{n-1}$$
$$\therefore I_n = x(\log x)^n - nI_{n-1}$$

❷ $I_1 = \int \log x\, dx = x\log x - \int x\cdot\frac{1}{x}dx = x\log x - \int dx = x\log x - x + C$

❸ $I_2 = x(\log x)^2 - 2I_1 = x(\log x)^2 - 2(x\log x - x) + C$

73 の解答

❶ $\displaystyle\int_1^5 dx = \int_1^5 1\,dx = \Big[\,x\,\Big]_1^5 = 5 - 1 = \mathbf{4}$

❷ $\displaystyle\int_{-2}^4 x\,dx = \left[\frac{1}{2}x^2\right]_{-2}^4 = \frac{1}{2}\left\{4^2 - (-2)^2\right\} = \frac{1}{2}(16 - 4) = \frac{1}{2}\cdot 12 = \mathbf{6}$

❸ $\displaystyle\int_{-1}^2 x^2\,dx = \left[\frac{1}{3}x^3\right]_{-1}^2 = \frac{1}{3}\left\{2^3 - (-1)^3\right\} = \frac{1}{3}(8+1) = \frac{1}{3}\cdot 9 = \mathbf{3}$

❹ $\displaystyle\int_0^3 x^3\,dx = \left[\frac{1}{4}x^4\right]_0^3 = \frac{1}{4}\left(3^4 - 0^4\right) = \mathbf{\frac{81}{4}}$

❺ $\displaystyle\int_{-2}^1 2x\,dx = \left[\,x^2\,\right]_{-2}^1 = 1^2 - (-2)^2 = 1 - 4 = \mathbf{-3}$

❻ $\displaystyle\int_{-2}^4 \left(-3x^2\right)dx = \left[-x^3\right]_{-2}^4 = -4^3 - \left\{-(-2)^3\right\} = -64 - 8 = \mathbf{-72}$

❼ $\displaystyle\int_{-3}^3 5x^3\,dx = 5\int_{-3}^3 x^3\,dx = 5\left[\frac{1}{4}x^4\right]_{-3}^3 = 5\cdot\frac{1}{4}\left\{3^4 - (-3)^4\right\} = \mathbf{0}$

74 の解答

❶ $\displaystyle\int_{-1}^{2}\left(3x^2-2x+7\right)dx=\left[x^3-x^2+7x\right]_{-1}^{2}$

$$=\left\{2^3-\left(-1\right)^3\right\}-\left\{2^2-\left(-1\right)^2\right\}+7\left\{2-\left(-1\right)\right\}=9-3+21=\boldsymbol{27}$$

❷ $\displaystyle\int_{-2}^{1}\left(4x^3-6x^2+4x-1\right)dx=\left[x^4-2x^3+2x^2-x\right]_{-2}^{1}$

$$=\left\{1^4-\left(-2\right)^4\right\}-2\left\{1^3-\left(-2\right)^3\right\}+2\left\{1^2-\left(-2\right)^2\right\}-\left\{1-\left(-2\right)\right\}$$

$$=-15-2\cdot9+2\left(-3\right)-3=-15-18-6-3=\boldsymbol{-42}$$

❸ $\displaystyle\int_{0}^{2}\left(5x^3-7x^2+4x-8\right)dx=\left[\frac{5}{4}x^4-\frac{7}{3}x^3+2x^2-8x\right]_{0}^{2}$

$$=\frac{5}{4}\cdot2^4-\frac{7}{3}\cdot2^3+2\cdot2^2-8\cdot2=20-\frac{56}{3}+8-16=12-\frac{56}{3}=-\frac{\boldsymbol{20}}{\boldsymbol{3}}$$

❹ $\displaystyle\int_{1}^{3}\left(-2x^2-3x+6\right)dx=\left[-\frac{2}{3}x^3-\frac{3}{2}x^2+6x\right]_{1}^{3}$

$$=-\frac{2}{3}\left(27-1\right)-\frac{3}{2}\left(9-1\right)+6\left(3-1\right)=-\frac{52}{3}-12+12=-\frac{\boldsymbol{52}}{\boldsymbol{3}}$$

71 ∫ 80

75 の解答

① $\displaystyle\int_1^2 \frac{dx}{x} = \Big[\log|x|\Big]_1^2 = \log 2 - \log 1 = \mathbf{\log 2}$

② $\displaystyle\int_{-3}^{-1} \frac{dx}{x^2} = \left[-\frac{1}{x}\right]_{-3}^{-1} = -\left(\frac{1}{-1} - \frac{1}{-3}\right) = -\left(-1 + \frac{1}{3}\right) = \mathbf{\frac{2}{3}}$

③ $\displaystyle\int_1^3 \frac{2}{x^3}\,dx = \left[-\frac{1}{x^2}\right]_1^3 = -\left(\frac{1}{3^2} - \frac{1}{1^2}\right) = -\left(\frac{1}{9} - 1\right) = -\left(-\frac{8}{9}\right) = \mathbf{\frac{8}{9}}$

④ $\displaystyle\int_{-2}^{-1} \frac{3}{2x^4}\,dx = \frac{3}{2}\int_{-2}^{-1} \frac{dx}{x^4} = \frac{3}{2}\left[-\frac{1}{3x^3}\right]_{-2}^{-1} = \frac{3}{2}\left(-\frac{1}{3}\right)\left\{-\frac{1}{1} - \left(-\frac{1}{8}\right)\right\}$

$\displaystyle\qquad = -\frac{1}{2}\left(-1 + \frac{1}{8}\right) = \mathbf{\frac{7}{16}}$

⑤ $\displaystyle\int_1^2 \left(\frac{1}{x} + \frac{1}{x^2} + \frac{1}{x^3}\right)dx = \left[\log|x| - \frac{1}{x} - \frac{1}{2x^2}\right]_1^2 = \log 2 - \frac{1}{2} - \frac{1}{8} - \left(\log 1 - 1 - \frac{1}{2}\right)$

$\displaystyle\qquad = \mathbf{\log 2 + \frac{7}{8}}$

⑥ $\displaystyle\int_1^3 \left(\frac{2}{x} - \frac{3}{x^2} + \frac{4}{x^3}\right)dx = 2\int_1^3 \frac{dx}{x} - 3\int_1^3 \frac{dx}{x^2} + 4\int_1^3 \frac{dx}{x^3}$

$\displaystyle\qquad = 2\Big[\log|x|\Big]_1^3 - 3\left[-\frac{1}{x}\right]_1^3 + 4\left[-\frac{1}{2x^2}\right]_1^3$

$\displaystyle\qquad = 2(\log 3 - \log 1) - 3(-1)\left(\frac{1}{3} - 1\right) + 4\left(-\frac{1}{2}\right)\left(\frac{1}{9} - 1\right)$

$\displaystyle\qquad = 2\log 3 - 2 + \frac{16}{9} = \mathbf{2\log 3 - \frac{2}{9}}$

76 の解答

① $\displaystyle\int_1^3 \sqrt{x}\,dx = \int_1^3 x^{\frac{1}{2}}\,dx = \left[\frac{2}{3}x^{\frac{3}{2}}\right]_1^3 = \frac{2}{3}\left(3^{\frac{3}{2}} - 1^{\frac{3}{2}}\right) = \frac{2}{3}\left(\sqrt{3^3} - 1\right) = \frac{2}{3}\left(3\sqrt{3} - 1\right)$

$\qquad = \mathbf{2\sqrt{3} - \dfrac{2}{3}}$

② $\displaystyle\int_2^4 \frac{dx}{\sqrt{x}} = \int_2^4 x^{-\frac{1}{2}}\,dx = \left[2x^{\frac{1}{2}}\right]_2^4 = 2\left(4^{\frac{1}{2}} - 2^{\frac{1}{2}}\right) = 2\left(2 - \sqrt{2}\right) = \mathbf{4 - 2\sqrt{2}}$

③ $\displaystyle\int_2^5 \sqrt[3]{x}\,dx = \int_2^5 x^{\frac{1}{3}}\,dx = \frac{3}{4}\left[x^{\frac{4}{3}}\right]_2^5 = \frac{3}{4}\left(5^{\frac{4}{3}} - 2^{\frac{4}{3}}\right) = \frac{3}{4}\left(\sqrt[3]{5^4} - \sqrt[3]{2^4}\right)$

$\qquad = \mathbf{\dfrac{3}{4}\left(5\sqrt[3]{5} - 2\sqrt[3]{2}\right)}$

④ $\displaystyle\int_2^3 \left(\sqrt{x} + \frac{1}{\sqrt{x}}\right)dx = \int_2^3 \left(x^{\frac{1}{2}} + x^{-\frac{1}{2}}\right)dx = \left[\frac{2}{3}x^{\frac{3}{2}} + 2x^{\frac{1}{2}}\right]_2^3$

$\qquad = \frac{2}{3}\left(3^{\frac{3}{2}} - 2^{\frac{3}{2}}\right) + 2\left(3^{\frac{1}{2}} - 2^{\frac{1}{2}}\right) = \frac{2}{3}\left(\sqrt{3^3} - \sqrt{2^3}\right) + 2\left(\sqrt{3} - \sqrt{2}\right)$

$\qquad = \frac{2}{3}\left(3\sqrt{3} - 2\sqrt{2}\right) + 2\sqrt{3} - 2\sqrt{2} = 2\sqrt{3} - \frac{4}{3}\sqrt{2} + 2\sqrt{3} - 2\sqrt{2}$

$\qquad = \mathbf{4\sqrt{3} - \dfrac{10}{3}\sqrt{2}}$

⑤ $\displaystyle\int_1^4 \left(x\sqrt{x} + \frac{1}{x\sqrt{x}}\right)dx = \int_1^4 \left(x^{\frac{3}{2}} + x^{-\frac{3}{2}}\right)dx = \left[\frac{2}{5}x^{\frac{5}{2}} - 2x^{-\frac{1}{2}}\right]_1^4$

$\qquad = \frac{2}{5}\left(4^{\frac{5}{2}} - 1^{\frac{5}{2}}\right) - 2\left(4^{-\frac{1}{2}} - 1^{-\frac{1}{2}}\right) = \frac{2}{5}\left(32 - 1\right) - 2\left(\frac{1}{2} - 1\right)$

$\qquad = \frac{2}{5}\cdot 31 - 2\left(-\frac{1}{2}\right) = \frac{62}{5} + 1 = \mathbf{\dfrac{67}{5}}$

71 〜 80

77 の解答

1 $\displaystyle\int_{\frac{\pi}{2}}^{\pi}\cos x\,dx = \Big[\sin x\Big]_{\frac{\pi}{2}}^{\pi} = \sin \pi - \sin \frac{\pi}{2} = 0-1 = \boldsymbol{-1}$

2 $\displaystyle\int_{0}^{\frac{\pi}{2}}\sin x\,dx = \Big[-\cos x\Big]_{0}^{\frac{\pi}{2}} = -\cos\frac{\pi}{2}-(-\cos 0) = 0+1 = \boldsymbol{1}$

3 $\displaystyle\int_{0}^{1}\cos(3x+5)\,dx = \left[\frac{1}{3}\sin(3x+5)\right]_{0}^{1} = \boldsymbol{\frac{1}{3}\big(\sin 8 - \sin 5\big)}$

4 $\displaystyle\int_{0}^{\frac{\pi}{3}}\tan x\,dx = \int_{0}^{\frac{\pi}{3}}\frac{\sin x}{\cos x}\,dx = \Big[-\log|\cos x|\,\Big]_{0}^{\frac{\pi}{3}} = -\log\left|\cos\frac{\pi}{3}\right| + \log|\cos 0|$

$\displaystyle\qquad = -\log\frac{1}{2}+\log 1 = \boldsymbol{\log 2}$

5 $\displaystyle\int_{0}^{1}e^{x}\,dx = \Big[e^{x}\Big]_{0}^{1} = e^{1}-e^{0} = \boldsymbol{e-1}$

6 $\displaystyle\int_{-1}^{1}e^{2x}\,dx = \left[\frac{1}{2}e^{2x}\right]_{-1}^{1} = \frac{1}{2}\big(e^{2}-e^{-2}\big) = \boldsymbol{\frac{1}{2}\left(e^{2}-\frac{1}{e^{2}}\right)}$

78 の解答

① $\displaystyle\int_{-\frac{\pi}{4}}^{\frac{\pi}{4}}\left(\sin x+\cos x\right)dx=\Big[-\cos x+\sin x\Big]_{-\frac{\pi}{4}}^{\frac{\pi}{4}}$

$$=-\cos\frac{\pi}{4}+\sin\frac{\pi}{4}-\left\{-\cos\left(-\frac{\pi}{4}\right)+\sin\left(-\frac{\pi}{4}\right)\right\}$$

$$=-\frac{1}{\sqrt{2}}+\frac{1}{\sqrt{2}}+\frac{1}{\sqrt{2}}+\frac{1}{\sqrt{2}}=\boldsymbol{\sqrt{2}}$$

② $\displaystyle\int_{-1}^{1}\left(e^{x}-e^{-x}\right)dx=\Big[e^{x}+e^{-x}\Big]_{-1}^{1}=e^{1}+e^{-1}-\left(e^{-1}+e^{1}\right)=e+\frac{1}{e}-\frac{1}{e}-e=\boldsymbol{0}$

③ $\displaystyle\int_{1}^{2}3^{x}\,dx=\left[\frac{3^{x}}{\log 3}\right]_{1}^{2}=\frac{1}{\log 3}\left(3^{2}-3^{1}\right)=\boldsymbol{\frac{6}{\log 3}}$

④ $\displaystyle\int_{0}^{\frac{\pi}{4}}\tan^{2}x\,dx=\int_{0}^{\frac{\pi}{4}}\frac{\sin^{2}x}{\cos^{2}x}\,dx=\int_{0}^{\frac{\pi}{4}}\frac{1-\cos^{2}x}{\cos^{2}x}\,dx=\int_{0}^{\frac{\pi}{4}}\left(\frac{1}{\cos^{2}x}-1\right)dx$

$$=\Big[\tan x-x\Big]_{0}^{\frac{\pi}{4}}=\tan\frac{\pi}{4}-\frac{\pi}{4}-\left(\tan 0-0\right)=\boldsymbol{1-\frac{\pi}{4}}$$

⑤ $\displaystyle\int_{1}^{2}\frac{4}{5x-1}\,dx=4\int_{1}^{2}\frac{dx}{5x-1}=\frac{4}{5}\Big[\log|5x-1|\Big]_{1}^{2}=\frac{4}{5}\left(\log 9-\log 4\right)$

$$=\frac{4}{5}\left(2\log 3-2\log 2\right)=\boldsymbol{\frac{8}{5}\log\frac{3}{2}}$$

⑥ $\displaystyle\int_{1}^{4}\left(\sqrt{x}+\frac{1}{\sqrt{x}}\right)^{2}dx=\int_{1}^{4}\left(x+2+\frac{1}{x}\right)dx=\left[\frac{1}{2}x^{2}+2x+\log|x|\right]_{1}^{4}$

$$=\frac{1}{2}\cdot 4^{2}+2\cdot 4+\log 4-\left(\frac{1}{2}+2+\log 1\right)$$

$$=8+8+2\log 2-\frac{1}{2}-2=\boldsymbol{\frac{27}{2}+2\log 2}$$

79 の解答

❶ $\displaystyle\int_{-1}^{1}\frac{dx}{\sqrt{2-x^2}}=\int_{-1}^{1}\frac{dx}{\sqrt{\left(\sqrt{2}\right)^2-x^2}}=\left[\mathrm{Sin}^{-1}\frac{x}{\sqrt{2}}\right]_{-1}^{1}=\mathrm{Sin}^{-1}\frac{1}{\sqrt{2}}-\mathrm{Sin}^{-1}\left(-\frac{1}{\sqrt{2}}\right)$

$\displaystyle\qquad=\frac{\pi}{4}-\left(-\frac{\pi}{4}\right)=\boldsymbol{\frac{\pi}{2}}$

❷ $\displaystyle\int_{0}^{1}\frac{dx}{1+x^2}=\left[\mathrm{Tan}^{-1}x\right]_{0}^{1}=\mathrm{Tan}^{-1}1-\mathrm{Tan}^{-1}0=\frac{\pi}{4}-0=\boldsymbol{\frac{\pi}{4}}$

❸ $\displaystyle\int_{5}^{6}\frac{4}{x^2-16}dx=4\int_{5}^{6}\frac{dx}{x^2-16}=4\int_{5}^{6}\frac{dx}{(x-4)(x+4)}=4\int_{5}^{6}\frac{1}{8}\left(\frac{1}{x-4}-\frac{1}{x+4}\right)dx$

$\displaystyle\qquad=\frac{1}{2}\Big[\log|x-4|-\log|x+4|\Big]_{5}^{6}=\frac{1}{2}\left[\log\left|\frac{x-4}{x+4}\right|\right]_{5}^{6}$

$\displaystyle\qquad=\frac{1}{2}\left(\log\frac{1}{5}-\log\frac{1}{9}\right)=\frac{1}{2}\log\frac{\frac{1}{5}}{\frac{1}{9}}=\boldsymbol{\frac{1}{2}\log\frac{9}{5}}$

❹ $\displaystyle\int_{0}^{1}\frac{dx}{3x^2+1}=\frac{1}{3}\int_{0}^{1}\frac{dx}{x^2+\left(\frac{1}{\sqrt{3}}\right)^2}=\frac{1}{3}\left[\sqrt{3}\,\mathrm{Tan}^{-1}\frac{x}{\frac{1}{\sqrt{3}}}\right]_{0}^{1}=\frac{\sqrt{3}}{3}\Big[\mathrm{Tan}^{-1}\sqrt{3}x\Big]_{0}^{1}$

$\displaystyle\qquad=\frac{\sqrt{3}}{3}\left(\mathrm{Tan}^{-1}\sqrt{3}-\mathrm{Tan}^{-1}0\right)=\frac{\sqrt{3}}{3}\cdot\frac{\pi}{3}=\boldsymbol{\frac{\sqrt{3}}{9}\pi}$

❺ $\displaystyle\int_{0}^{5}\frac{2}{x^2+5^2}dx=2\int_{0}^{5}\frac{dx}{x^2+5^2}=2\left[\frac{1}{5}\mathrm{Tan}^{-1}\frac{x}{5}\right]_{0}^{5}=\frac{2}{5}\left(\mathrm{Tan}^{-1}1-\mathrm{Tan}^{-1}0\right)$

$\displaystyle\qquad=\frac{2}{5}\cdot\frac{\pi}{4}=\boldsymbol{\frac{\pi}{10}}$

71 ～ 80

80 の解答

1 $2x-3=t$ とおくと $x=1$ のとき $t=-1$, $x=2$ のとき $t=1$

$$x\,dx = \frac{1}{2}dt$$

$$\int_1^2 (2x-3)^3\,dx = \int_{-1}^1 t^3 \cdot \frac{1}{2}dt = \frac{1}{2}\int_{-1}^1 t^3\,dt = \frac{1}{2}\left[\frac{1}{4}t^4\right]_{-1}^1 = \frac{1}{8}\left\{1^4 - (-1)^4\right\}$$

$$= \frac{1}{8} \cdot 0 = \mathbf{0}$$

2 $x^2-1=t$ とおくと $x=0$ のとき $t=-1$, $x=1$ のとき $t=0$

$$x\,dx = \frac{1}{2}dt$$

$$\int_0^1 x(x^2-1)^4\,dx = \int_{-1}^0 t^4 \cdot \frac{1}{2}dt = \frac{1}{2}\int_{-1}^0 t^4\,dt = \frac{1}{2}\left[\frac{1}{5}t^5\right]_{-1}^0 = \frac{1}{10}\left\{0^5 - (-1)^5\right\} = \frac{\mathbf{1}}{\mathbf{10}}$$

3 $1+x^2=t$ とおくと $x=0$ のとき $t=1$, $x=1$ のとき $t=2$

$$x\,dx = \frac{1}{2}dt$$

$$\int_0^1 \frac{x}{1+x^2}\,dx = \int_1^2 \frac{1}{t} \cdot \frac{1}{2}dt = \frac{1}{2}\int_1^2 \frac{dt}{t} = \frac{1}{2}\left[\log|t|\right]_1^2 = \frac{1}{2}(\log 2 - \log 1) = \frac{\mathbf{1}}{\mathbf{2}}\log \mathbf{2}$$

4 $\sqrt{1-x}=t$ とおくと $x=0$ のとき $t=1$, $x=1$ のとき $t=0$

$1-x=t^2$ より $-dx = 2t\,dt$ $dx = -2t\,dt$

$$\int_0^1 x^2\sqrt{1-x}\,dx = \int_1^0 (1-t^2)^2 t(-2t\,dt)$$

$$= -2\int_1^0 (t^6 - 2t^4 + t^2)\,dt = -2\left[\frac{1}{7}t^7 - \frac{2}{5}t^5 + \frac{1}{3}t^3\right]_1^0$$

$$= -2\left\{-\left(\frac{1}{7} - \frac{2}{5} + \frac{1}{3}\right)\right\} = -2\left(-\frac{15}{105} + \frac{42}{105} - \frac{35}{105}\right) = \frac{\mathbf{16}}{\mathbf{105}}$$

81 の解答

① $3x-2=t$ とおくと $x=1$ のとき $t=1$, $x=2$ のとき $t=4$

$3dx=dt$ $\therefore dx=\dfrac{1}{3}dt$

$\displaystyle\int_1^2 \sqrt{3x-2}\,dx = \int_1^4 \sqrt{t}\cdot\dfrac{1}{3}dt = \dfrac{1}{3}\int_1^4 t^{\frac{1}{2}}\,dt = \dfrac{1}{3}\left[\dfrac{2}{3}t^{\frac{3}{2}}\right]_1^4 = \dfrac{2}{9}\left(4^{\frac{3}{2}}-1^{\frac{3}{2}}\right) = \dfrac{2}{9}\left(2^3-1\right)$

               $= \dfrac{14}{9}$

② $x^3+1=t$ とおくと $x=0$ のとき $t=1$, $x=2$ のとき $t=9$

$3x^2dx=dt$ $x^2dx=\dfrac{1}{3}dt$

$\displaystyle\int_0^2 \dfrac{x^2}{\sqrt{x^3+1}}\,dx = \int_1^9 \dfrac{1}{\sqrt{t}}\cdot\dfrac{1}{3}dt = \dfrac{1}{3}\int_1^9 t^{-\frac{1}{2}}\,dt = \dfrac{1}{3}\left[2t^{\frac{1}{2}}\right]_1^9 = \dfrac{2}{3}\left(9^{\frac{1}{2}}-1^{\frac{1}{2}}\right) = \dfrac{2}{3}\left(3-1\right)$

               $= \dfrac{4}{3}$

③ $3x+2=t$ とおくと $x=0$ のとき $t=2$, $x=1$ のとき $t=5$, $dx=\dfrac{1}{3}dt$

$\displaystyle\int_0^1 \dfrac{dx}{(3x+2)^2} = \int_2^5 \dfrac{1}{t^2}\cdot\dfrac{1}{3}dt = \dfrac{1}{3}\int_2^5 \dfrac{dt}{t^2} = \dfrac{1}{3}\left[-\dfrac{1}{t}\right]_2^5 = \dfrac{1}{3}\left(-\dfrac{1}{5}+\dfrac{1}{2}\right) = \dfrac{1}{10}$

④ $\sqrt{1+x}=t$ とおくと $x=0$ のとき $t=1$, $x=1$ のとき $t=\sqrt{2}$

$1+x=t^2$ より $dx=2t\,dt$

$\displaystyle\int_0^1 \dfrac{x}{\sqrt{1+x}}\,dx = \int_1^{\sqrt{2}} \dfrac{t^2-1}{t}\cdot 2t\,dt = 2\int_1^{\sqrt{2}}\left(t^2-1\right)dt = 2\left[\dfrac{1}{3}t^3-t\right]_1^{\sqrt{2}}$

               $= 2\left\{\left(\dfrac{2}{3}\sqrt{2}-\sqrt{2}\right)-\left(\dfrac{1}{3}-1\right)\right\} = 2\left(-\dfrac{1}{3}\sqrt{2}+\dfrac{2}{3}\right)$

⑤ $\sqrt{x-1}=t$ とおくと $x=1$ のとき $t=0$, $x=2$ のとき $t=1$, $x-1=t^2$ より $dx=2t\,dt$

$\displaystyle\int_1^2 x\sqrt{x-1}\,dx = \int_0^1 \left(t^2+1\right)t\cdot 2t\,dt = 2\int_0^1 \left(t^4+t^2\right)dt = 2\left[\dfrac{1}{5}t^5+\dfrac{1}{3}t^5\right]_0^1 = \dfrac{16}{15}$

82 の解答

① $\sin x = t$ とおくと $x=0$ のとき $t=0$, $x=\dfrac{\pi}{2}$ のとき $t=1$

$\cos x\, dx = dt$

$$\int_0^{\frac{\pi}{2}} \sin^4 x \cos x\, dx = \int_0^1 t^4\, dt = \left[\frac{1}{5}t^5\right]_0^1 = \frac{1}{5}$$

② $\cos x = t$ とおくと $x=0$ のとき $t=1$, $x=\dfrac{\pi}{4}$ のとき $t=\dfrac{1}{\sqrt{2}}$

$-\sin x\, dx = dt$

$$\int_0^{\frac{\pi}{4}} \cos^3 x \sin x\, dx = -\int_0^{\frac{\pi}{4}} \cos^3 x (-\sin x)\, dx = -\int_1^{\frac{1}{\sqrt{2}}} t^3\, dt = -\left[\frac{1}{4}t^4\right]_1^{\frac{1}{\sqrt{2}}}$$

$$= -\frac{1}{4}\left\{\left(\frac{1}{\sqrt{2}}\right)^4 - 1^4\right\} = -\frac{1}{4}\left(\frac{1}{4}-1\right) = -\frac{1}{4}\left(-\frac{3}{4}\right) = \frac{3}{16}$$

③ $x^2 = t$ とおくと $x=1$ のとき $t=1$, $x=2$ のとき $t=4$, $x\, dx = \dfrac{1}{2}dt$

$$\int_1^2 xe^{x^2}\, dx = \int_1^2 e^{x^2} x\, dx = \int_1^4 e^t \cdot \frac{1}{2}dt = \frac{1}{2}\left[e^t\right]_1^4 = \frac{1}{2}\left(e^4 - e\right)$$

④ $x^3 + 5 = t$ とおくと $x=-1$ のとき $t=4$, $x=1$ のとき $t=6$

$x^2 dx = \dfrac{1}{3}dt$

$$\int_{-1}^1 x^2 e^{x^3+5}\, dx = \int_4^6 e^t \cdot \frac{1}{3}dt = \frac{1}{3}\left[e^t\right]_4^6 = \frac{1}{3}\left(e^6 - e^4\right)$$

⑤ $\log x = t$ とおくと $x=1$ のとき $t=0$, $x=e$ のとき $t=1$

$\dfrac{1}{x}dx = dt$

$$\int_1^e \frac{\log x}{x}dx = \int_0^1 t\, dt = \left[\frac{1}{2}t^2\right]_0^1 = \frac{1}{2}$$

⑥ $\log x = t$ とおくと $x=e$ のとき $t=1$, $x=e^2$ のとき $t=2$

$\dfrac{1}{x}dx = dt$

$$\int_e^{e^2} \frac{dx}{x\log x} = \int_1^2 \frac{1}{t}dt = \left[\log|t|\right]_1^2 = \log 2 - \log 1 = \log 2$$

83 の解答

❶ $\sin x = t$ とおくと $x=0$ のとき $t=0$, $x=\dfrac{\pi}{2}$ のとき $t=1$

$\cos x\, dx = dt$

$$\int_0^{\frac{\pi}{2}} \frac{\cos x}{1+\sin x}\, dx = \int_0^1 \frac{dt}{1+t} = \Big[\log|1+t|\Big]_0^1 = \log 2 - \log 1 = \boldsymbol{\log 2}$$

❷ $\sin x = t$ とおくと $x=0$ のとき $t=0$, $x=\dfrac{\pi}{4}$ のとき $t=\dfrac{1}{\sqrt{2}}$

$\cos x\, dx = dt$

$$\int_0^{\frac{\pi}{4}} \cos^3 x\, dx = \int_0^{\frac{\pi}{4}} (1-\sin^2 x)\cos x\, dx = \int_0^{\frac{1}{\sqrt{2}}} (1-t^2)\, dt = \left[t - \frac{t^3}{3}\right]_0^{\frac{1}{\sqrt{2}}}$$

$$= \frac{1}{\sqrt{2}} - \frac{1}{3}\left(\frac{1}{\sqrt{2}}\right)^3 = \frac{1}{\sqrt{2}} - \frac{1}{6\sqrt{2}} = \boldsymbol{\frac{5}{6\sqrt{2}}}$$

❸ $\tan\dfrac{x}{2} = t$ とおくと $x=0$ のとき $t=0$, $x=\dfrac{\pi}{2}$ のとき $t=1$

$\cos x = \dfrac{1-t^2}{1+t^2}$, $dx = \dfrac{2}{1+t^2}\, dt$

$$\int_0^{\frac{\pi}{2}} \frac{dx}{4+5\cos x} = \int_0^1 \frac{1}{4+5\cdot\frac{1-t^2}{1+t^2}} \cdot \frac{2}{1+t^2}\, dt = \int_0^1 \frac{2}{4(1+t^2)+5(1-t^2)}\, dt$$

$$= 2\int_0^1 \frac{dt}{-t^2+9} = -2\int_0^1 \frac{dt}{t^2-9} = -2\cdot\frac{1}{6}\int_0^1 \left(\frac{1}{t-3} - \frac{1}{t+3}\right)dt$$

$$= -\frac{1}{3}\left[\log\left|\frac{t-3}{t+3}\right|\right]_0^1 = -\frac{1}{3}\left(\log\frac{1}{2} - \log 1\right) = \boldsymbol{\frac{1}{3}\log 2}$$

❹ $e^x = t$ とおくと $x=0$ のとき $t=1$, $x=1$ のとき $t=e$, $e^x dx = dt$

$$\int_0^1 \frac{e^x}{e^x+e^{-x}}\, dx = \int_1^e \frac{1}{t+\frac{1}{t}}\, dt = \int_1^e \frac{t}{t^2+1}\, dt = \int_1^e \frac{1}{2}\cdot\frac{2t}{t^2+1}\, dt = \frac{1}{2}\Big[\log(t^2+1)\Big]_1^e$$

$$= \frac{1}{2}\Big\{\log(e^2+1) - \log 2\Big\} = \boldsymbol{\frac{1}{2}\log\frac{e^2+1}{2}}$$

84 の解答

① $\displaystyle\int_0^2 xe^x\,dx = \Big[\,xe^x\,\Big]_0^2 - \int_0^2 (x)'\,e^x\,dx = 2e^2 - \int_0^2 e^x\,dx = 2e^2 - \Big[\,e^x\,\Big]_0^2$

$$= 2e^2 - \left(e^2 - e^0\right) = \boldsymbol{e^2 + 1}$$

② $\displaystyle\int_1^e \log x\,dx = \Big[\,x\log x\,\Big]_1^e - \int_1^e dx = e\log e - \log 1 - \Big[\,x\,\Big]_1^e = e - (e-1) = \boldsymbol{1}$

③ $\displaystyle\int_0^{\frac{\pi}{2}} x\sin x\,dx = \Big[-x\cos x\Big]_0^{\frac{\pi}{2}} + \int_0^{\frac{\pi}{2}} \cos x\,dx = \Big[\sin x\Big]_0^{\frac{\pi}{2}} = \sin\frac{\pi}{2} - \sin 0 = \boldsymbol{1}$

④ $\displaystyle\int_0^{\frac{\pi}{2}} x\cos x\,dx = \Big[\,x\sin x\,\Big]_0^{\frac{\pi}{2}} - \int_0^{\frac{\pi}{2}} \sin x\,dx = \frac{\pi}{2} + \Big[\cos x\Big]_0^{\frac{\pi}{2}} = \frac{\pi}{2} + \left(\cos\frac{\pi}{2} - \cos 0\right)$

$$= \frac{\boldsymbol{\pi}}{\boldsymbol{2}} - \boldsymbol{1}$$

⑤ $\displaystyle\int_0^1 x^2 e^x\,dx = \Big[\,x^2 e^x\,\Big]_0^1 - \int_0^1 2xe^x\,dx = e - 2\int_0^1 xe^x\,dx = e - 2\left(\Big[\,xe^x\,\Big]_0^1 - \int_0^1 e^x\,dx\right)$

$$= e - 2\Big(e - \Big[\,e^x\,\Big]_0^1\Big) = e - 2\big\{e - \big(e^1 - e^0\big)\big\} = \boldsymbol{e - 2}$$

⑥ $\displaystyle I = \int_0^{\pi} e^x \sin x\,dx$ とおく。

$$I = \int_0^{\pi} e^x \sin x\,dx = \Big[\,e^x \sin x\,\Big]_0^{\pi} - \int_0^{\pi} e^x \cos x\,dx = -\left(\Big[\,e^x \cos x\,\Big]_0^{\pi} + \int_0^{\pi} e^x \sin x\,dx\right)$$

$$= -\left(-e^{\pi} - e^0 + I\right) = e^{\pi} + 1 - I$$

$$\therefore 2I = e^{\pi} + 1 \qquad \therefore I = \frac{1}{2}\big(e^{\pi} + 1\big)$$

85 の解答

❶ $\displaystyle\int_0^1 \mathrm{Sin}^{-1}x\,dx = \left[x\,\mathrm{Sin}^{-1}x \right]_0^1 - \int_0^1 x\cdot\frac{1}{\sqrt{1-x^2}}\,dx = \mathrm{Sin}^{-1}1 + \int_0^1 \frac{-x}{\sqrt{1-x^2}}\,dx$

$\displaystyle\qquad = \frac{\pi}{2} + \left[\sqrt{1-x^2} \right]_0^1 = \frac{\pi}{2} + (0-1) = \boldsymbol{\frac{\pi}{2}-1}$

❷ $\displaystyle\int_0^1 \mathrm{Tan}^{-1}x\,dx = \left[x\,\mathrm{Tan}^{-1}x \right]_0^1 - \int_0^1 x\cdot\frac{1}{x^2+1}\,dx = \mathrm{Tan}^{-1}1 - \frac{1}{2}\int_0^1 \frac{2x}{x^2+1}\,dx$

$\displaystyle\qquad = \frac{\pi}{4} - \frac{1}{2}\left[\log\left(x^2+1\right) \right]_0^1 = \frac{\pi}{4} - \frac{1}{2}\left(\log 2 - \log 1\right) = \boldsymbol{\frac{\pi}{4} - \frac{1}{2}\log 2}$

❸ $\displaystyle\int_0^1 x\,\mathrm{Tan}^{-1}x\,dx = \left[\frac{1}{2}x^2\,\mathrm{Tan}^{-1}x \right]_0^1 - \int_0^1 \frac{1}{2}x^2\cdot\frac{1}{x^2+1}\,dx$

$\displaystyle\qquad = \frac{1}{2}\mathrm{Tan}^{-1}1 - \frac{1}{2}\int_0^1 \frac{x^2}{x^2+1}\,dx = \frac{1}{2}\cdot\frac{\pi}{4} - \frac{1}{2}\int_0^1 \frac{\left(x^2+1\right)-1}{x^2+1}\,dx$

$\displaystyle\qquad = \frac{\pi}{8} - \frac{1}{2}\int_0^1 \left(1-\frac{1}{x^2+1}\right)dx = \frac{\pi}{8} - \frac{1}{2}\left[x - \mathrm{Tan}^{-1}x \right]_0^1$

$\displaystyle\qquad = \frac{\pi}{8} - \frac{1}{2}\left(1-\mathrm{Tan}^{-1}1\right) = \frac{\pi}{8} - \frac{1}{2}\left(1-\frac{\pi}{4}\right) = \boldsymbol{\frac{\pi}{4} - \frac{1}{2}}$

86 の解答

$n \geqq 2$ のとき

$$I_n = \int_0^{\frac{\pi}{2}} \sin^n x \, dx = \int_0^{\frac{\pi}{2}} \sin^{n-1} x \cdot \sin x \, dx$$

$$= \left[\sin^{n-1} x \left(-\cos x \right) \right]_0^{\frac{\pi}{2}} + \int_0^{\frac{\pi}{2}} (n-1) \sin^{n-2} x \cdot \cos x \cdot \cos x \, dx$$

$$= (n-1) \int_0^{\frac{\pi}{2}} \sin^{n-2} x \cos^2 x \, dx = (n-1) \int_0^{\frac{\pi}{2}} \sin^{n-2} x \left(1 - \sin^2 x \right) dx$$

$$= (n-1)\left(I_{n-2} - I_n \right)$$

$$\therefore \ I_n = \frac{n-1}{n} I_{n-2}$$

n が偶数のときは

$$I_n = \frac{n-1}{n} I_{n-2} = \frac{n-1}{n} \cdot \frac{n-3}{n-2} I_{n-4} = \cdots = \frac{n-1}{n} \cdot \frac{n-3}{n-2} \cdot \cdots \cdot \frac{3}{4} \cdot \frac{1}{2} \cdot I_0$$

n が奇数のときは

$$I_n = \frac{n-1}{n} \cdot \frac{n-3}{n-2} \cdot \cdots \cdot \frac{4}{5} \cdot \frac{2}{3} \cdot I_1$$

$$I_0 = \int_0^{\frac{\pi}{2}} 1 \, dx = \frac{\pi}{2}, \quad I_1 = \int_0^{\frac{\pi}{2}} \sin x \, dx = \left[-\cos x \right]_0^{\frac{\pi}{2}} = 1$$

よって公式が成立する。

❶ $\displaystyle \int_0^{\frac{\pi}{2}} \sin^4 x \, dx = \frac{3}{4} \cdot \frac{1}{2} \cdot \frac{\pi}{2} = \frac{3\pi}{16}$

❷ $\displaystyle \int_0^{\frac{\pi}{2}} \sin^7 x \, dx = \frac{6}{7} \cdot \frac{4}{5} \cdot \frac{2}{3} \cdot 1 = \frac{16}{35}$

$\cos x = \sin\left(\dfrac{\pi}{2}-x\right)$ より

$$\int_0^{\frac{\pi}{2}} \cos^n x\,dx = \int_0^{\frac{\pi}{2}} \sin^n\left(\frac{\pi}{2}-x\right)dx$$

$\dfrac{\pi}{2}-x=t$ とおくと $x=0$ のとき $t=\dfrac{\pi}{2}$, $x=\dfrac{\pi}{2}$ のとき $t=0$

$-dx=dt$ より $dx=-dt$

$$\int_0^{\frac{\pi}{2}} \cos^n x\,dx = \int_0^{\frac{\pi}{2}} \sin^n\left(\frac{\pi}{2}-x\right)dx = \int_{\frac{\pi}{2}}^0 \sin^n t(-dt) = \int_0^{\frac{\pi}{2}} \sin^n t\,dt$$

$$= \int_0^{\frac{\pi}{2}} \sin^n x\,dx$$

❶ $\displaystyle\int_0^{\frac{\pi}{2}} \cos^3 x\,dx = \frac{2}{3}\cdot 1 = \frac{2}{3}$

❷ $\displaystyle\int_0^{\frac{\pi}{2}} \cos^4 x\,dx = \frac{3}{4}\cdot\frac{1}{2}\cdot\frac{\pi}{2} = \frac{3}{16}\pi$

❸ $\displaystyle\int_0^{\frac{\pi}{2}} \sin^4 x\cos^2 x\,dx = \int_0^{\frac{\pi}{2}} \sin^4 x(1-\sin^2 x)\,dx = \int_0^{\frac{\pi}{2}}(\sin^4 x - \sin^6 x)\,dx$

$$= \int_0^{\frac{\pi}{2}} \sin^4 x\,dx - \int_0^{\frac{\pi}{2}} \sin^6 x\,dx = \frac{3}{4}\cdot\frac{1}{2}\cdot\frac{\pi}{2} - \frac{5}{6}\cdot\frac{3}{4}\cdot\frac{1}{2}\cdot\frac{\pi}{2}$$

$$= \frac{1}{6}\cdot\frac{3}{4}\cdot\frac{1}{2}\cdot\frac{\pi}{2} = \frac{\pi}{32}$$

88 の解答

$\pi - x = t$ とおくと $x = \dfrac{\pi}{2}$ のとき $t = \dfrac{\pi}{2}$, $x = \pi$ のとき $t = 0$

$dx = -dt$ より

$$\int_{\frac{\pi}{2}}^{\pi} \sin^n x \, dx = \int_{\frac{\pi}{2}}^{\pi} \sin^n (\pi - x) \, dx = \int_{\frac{\pi}{2}}^{0} \sin^n t (-dt) = \int_{0}^{\frac{\pi}{2}} \sin^n t \, dt = \int_{0}^{\frac{\pi}{2}} \sin^n x \, dx$$

❶ $\displaystyle\int_{\frac{\pi}{2}}^{\pi} \sin^5 x \, dx = \int_{0}^{\frac{\pi}{2}} \sin^5 x \, dx = \frac{4}{5} \cdot \frac{2}{3} \cdot 1 = \frac{8}{15}$

❷ $\displaystyle\int_{0}^{\pi} \sin^5 x \, dx = \int_{0}^{\frac{\pi}{2}} \sin^5 x \, dx + \int_{\frac{\pi}{2}}^{\pi} \sin^5 x \, dx = 2\int_{0}^{\frac{\pi}{2}} \sin^5 x \, dx = 2 \cdot \frac{8}{15} = \frac{16}{15}$

89 の解答

❶ $\dfrac{1}{\sqrt{x}}$ は $(0, 1]$ において連続で，$x=0$ で定義されていない。

$$\int_0^1 \frac{dx}{\sqrt{x}} = \lim_{\varepsilon \to +0}\int_\varepsilon^1 \frac{1}{\sqrt{x}}\,dx = \lim_{\varepsilon \to +0}\left[2\sqrt{x}\right]_\varepsilon^1 = \lim_{\varepsilon \to +0}2(1-\sqrt{\varepsilon}) = \mathbf{2}$$

❷ $\dfrac{1}{x}$ は $(0, 1]$ において連続で，$x=0$ で定義されていない。

$$\int_0^1 \frac{dx}{x} = \lim_{\varepsilon \to +0}\int_\varepsilon^1 \frac{dx}{x} = \lim_{\varepsilon \to +0}\left[\log x\right]_\varepsilon^1 = \lim_{\varepsilon \to +0}(0-\log\varepsilon) = \infty$$

ゆえに**積分は存在しない**。

❸ $\dfrac{1}{x^2}$ は $(-1, 1)$ において連続で，$x=0$ で定義されていない。

$$\int_{-1}^1 \frac{dx}{x^2} = \int_{-1}^0 \frac{dx}{x^2} + \int_0^1 \frac{dx}{x^2} = \lim_{\varepsilon' \to +0}\int_{-1}^{-\varepsilon'} \frac{dx}{x^2} + \lim_{\varepsilon \to +0}\int_\varepsilon^1 \frac{dx}{x^2}$$

$$= \lim_{\varepsilon' \to +0}\left[-\frac{1}{x}\right]_{-1}^{-\varepsilon'} + \lim_{\varepsilon \to +0}\left[-\frac{1}{x}\right]_\varepsilon^1 = \lim_{\varepsilon' \to +0}\left(\frac{1}{\varepsilon'}-1\right) + \lim_{\varepsilon \to +0}\left(-1+\frac{1}{\varepsilon}\right) = \infty$$

ゆえに**積分は存在しない**。

❹ $\dfrac{1}{\sqrt{1-x^2}}$ は $[0, 1)$ において連続で，$x=1$ で定義されていない。

$$\int_0^1 \frac{dx}{\sqrt{1-x^2}} = \lim_{\varepsilon \to +0}\int_0^{1-\varepsilon} \frac{dx}{\sqrt{1-x^2}} = \lim_{\varepsilon \to +0}\left[\operatorname{Sin}^{-1}x\right]_0^{1-\varepsilon} = \lim_{\varepsilon \to +0}\left\{\operatorname{Sin}^{-1}(1-\varepsilon)-\operatorname{Sin}^{-1}0\right\}$$

$$= \frac{\pi}{2} - 0 = \frac{\boldsymbol{\pi}}{\mathbf{2}}$$

❺ $\dfrac{1}{\sqrt{1-x^2}}$ は $(-1, 1)$ において連続で，$x=-1,\ 1$ で定義されていない。

$$\int_{-1}^1 \frac{dx}{\sqrt{1-x^2}} = \lim_{\substack{\varepsilon \to +0 \\ \varepsilon' \to +0}}\int_{-1+\varepsilon'}^{1-\varepsilon} \frac{dx}{\sqrt{1-x^2}} = \lim_{\substack{\varepsilon \to +0 \\ \varepsilon' \to +0}}\left[\operatorname{Sin}^{-1}x\right]_{-1+\varepsilon'}^{1-\varepsilon}$$

$$= \lim_{\substack{\varepsilon \to +0 \\ \varepsilon' \to +0}}\left\{\operatorname{Sin}^{-1}(1-\varepsilon)-\operatorname{Sin}^{-1}(-1+\varepsilon')\right\} = \frac{\pi}{2}-\left(-\frac{\pi}{2}\right) = \boldsymbol{\pi}$$

90 の解答

❶ $\dfrac{1}{x^3}$ は $(0, 1]$ において連続で,$x=0$ で定義されていない。

$$\int_0^1 \frac{dx}{x^3} = \lim_{\varepsilon \to +0} \int_\varepsilon^1 \frac{dx}{x^3} = \lim_{\varepsilon \to +0}\left[-\frac{1}{2x^2}\right]_\varepsilon^1 = \lim_{\varepsilon \to +0}\left\{-\frac{1}{2} - \left(-\frac{1}{2\varepsilon^2}\right)\right\} = \infty$$

ゆえに**積分は存在しない**。

❷ $\dfrac{1}{\sqrt{4-x^2}}$ は $[1, 2)$ において連続で,$x=2$ で定義されていない。

$$\int_1^2 \frac{dx}{\sqrt{4-x^2}} = \lim_{\varepsilon \to +0} \int_1^{2-\varepsilon} \frac{dx}{\sqrt{4-x^2}} = \lim_{\varepsilon \to +0}\left[\mathrm{Sin}^{-1}\frac{x}{2}\right]_1^{2-\varepsilon} = \lim_{\varepsilon \to +0}\left(\mathrm{Sin}^{-1}\frac{2-\varepsilon}{2} - \mathrm{Sin}^{-1}\frac{1}{2}\right)$$

$$= \frac{\pi}{2} - \frac{\pi}{6} = \boldsymbol{\frac{\pi}{3}}$$

❸ $\dfrac{1}{\sqrt{x(1-x)}}$ は $(0, 1)$ において連続で,$x=0,\ 1$ で定義されていない。

$$\int \frac{dx}{\sqrt{x(1-x)}} = \int \frac{dx}{\sqrt{\dfrac{1}{4} - \left(x - \dfrac{1}{2}\right)^2}} = \mathrm{Sin}^{-1}(2x-1) \text{ であるから}$$

$$\int_0^1 \frac{dx}{\sqrt{x(1-x)}} = \lim_{\substack{\varepsilon \to +0 \\ \varepsilon' \to +0}} \int_{\varepsilon'}^{1-\varepsilon} \frac{dx}{\sqrt{x(1-x)}} = \lim_{\substack{\varepsilon \to +0 \\ \varepsilon' \to +0}} \left[\mathrm{Sin}^{-1}(2x-1)\right]_{\varepsilon'}^{1-\varepsilon}$$

$$= \lim_{\substack{\varepsilon \to +0 \\ \varepsilon' \to +0}} \left\{\mathrm{Sin}^{-1}(1-2\varepsilon) - \mathrm{Sin}^{-1}(2\varepsilon'-1)\right\} = \mathrm{Sin}^{-1}1 - \mathrm{Sin}^{-1}(-1)$$

$$= \frac{\pi}{2} - \left(\frac{\pi}{2}\right) = \boldsymbol{\pi}$$

❹ $\dfrac{1}{\sqrt{(x-a)(b-x)}}$ は (a, b) で連続で,$x=a,\ b$ で定義されていない。

$$\int \frac{dx}{\sqrt{(x-a)(b-x)}} = \int \frac{dx}{\sqrt{\left(\dfrac{b-a}{2}\right)^2 - \left(x - \dfrac{a+b}{2}\right)^2}} = \mathrm{Sin}^{-1}\frac{2x-(a+b)}{b-a} \text{ であるから}$$

$$\int_a^b \frac{dx}{\sqrt{(x-a)(b-x)}} = \lim_{\substack{\varepsilon \to +0 \\ \varepsilon' \to +0}} \int_{a+\varepsilon'}^{b-\varepsilon} \frac{dx}{\sqrt{(x-a)(b-x)}} = \lim_{\substack{\varepsilon \to +0 \\ \varepsilon' \to +0}} \left[\mathrm{Sin}^{-1}\frac{2x-(a+b)}{b-a}\right]_{a+\varepsilon'}^{b-\varepsilon}$$

$$= \lim_{\substack{\varepsilon \to +0 \\ \varepsilon' \to +0}} \left(\mathrm{Sin}^{-1}\frac{b-a-2\varepsilon}{b-a} - \mathrm{Sin}^{-1}\frac{a-b+2\varepsilon'}{b-a}\right) = \mathrm{Sin}^{-1}1 - \mathrm{Sin}^{-1}(-1) = \boldsymbol{\pi}$$

91 の解答

❶ $\displaystyle\int_1^\infty \frac{dx}{x} = \lim_{R\to\infty}\int_1^R \frac{dx}{x} = \lim_{R\to\infty}\Big[\log x\Big]_1^R = \lim_{R\to\infty}\log R = \infty$

ゆえに積分は存在しない。

❷ $\displaystyle\int_1^\infty \frac{dx}{x^2} = \lim_{R\to\infty}\int_1^R \frac{dx}{x^2} = \lim_{R\to\infty}\left[-\frac{1}{x}\right]_1^R = \lim_{R\to\infty}\left(-\frac{1}{R}+1\right) = \boldsymbol{1}$

❸ $\displaystyle\int_1^\infty \frac{dx}{x^3} = \lim_{R\to\infty}\int_1^R \frac{dx}{x^3} = \lim_{R\to\infty}\left[-\frac{1}{2x^2}\right]_1^R = \lim_{R\to\infty}\left\{-\frac{1}{2R^2}-\left(-\frac{1}{2}\right)\right\} = \boldsymbol{\frac{1}{2}}$

❹ $\displaystyle\int_0^\infty \cos x\,dx = \lim_{R\to\infty}\int_0^R \cos x\,dx = \lim_{R\to\infty}\Big[\sin x\Big]_0^R = \lim_{R\to\infty}\sin R$ （不定）

ゆえに積分は存在しない。

92 の解答

❶ $\displaystyle\int_0^\infty e^{-x}\,dx = \lim_{R\to\infty}\int_0^R e^{-x}\,dx = \lim_{R\to\infty}\Big[-e^{-x}\Big]_0^R = \lim_{R\to\infty}\left(-e^{-R}+1\right) = \lim_{R\to\infty}\left(-\frac{1}{e^R}+1\right)$

$\qquad = \boldsymbol{1}$

❷ $\displaystyle\int_0^\infty \frac{dx}{x^2+1} = \lim_{R\to\infty}\int_0^R \frac{dx}{x^2+1} = \lim_{R\to\infty}\Big[\mathrm{Tan}^{-1}x\Big]_0^R = \lim_{R\to\infty}\left(\mathrm{Tan}^{-1}R - \mathrm{Tan}^{-1}0\right) = \boldsymbol{\frac{\pi}{2}}$

❸ $\displaystyle\int_{-\infty}^\infty \frac{dx}{x^2+1} = \lim_{\substack{R\to\infty\\R'\to-\infty}}\int_{R'}^R \frac{dx}{x^2+1} = \lim_{\substack{R\to\infty\\R'\to-\infty}}\Big[\mathrm{Tan}^{-1}x\Big]_{R'}^R = \lim_{\substack{R\to\infty\\R'\to-\infty}}\left(\mathrm{Tan}^{-1}R - \mathrm{Tan}^{-1}R'\right)$

$\qquad = \frac{\pi}{2}-\left(-\frac{\pi}{2}\right) = \boldsymbol{\pi}$

❹ $\displaystyle\int_{-\infty}^\infty \frac{dx}{x^2+9} = \lim_{\substack{R\to\infty\\R'\to-\infty}}\int_{R'}^R \frac{dx}{x^2+9} = \lim_{\substack{R\to\infty\\R'\to-\infty}}\left[\frac{1}{3}\mathrm{Tan}^{-1}\frac{x}{3}\right]_{R'}^R$

$\qquad = \lim_{\substack{R\to\infty\\R'\to-\infty}}\left\{\frac{1}{3}\left(\mathrm{Tan}^{-1}\frac{R}{3}-\mathrm{Tan}^{-1}\frac{R'}{3}\right)\right\} = \frac{1}{3}\left\{\frac{\pi}{2}-\left(-\frac{\pi}{2}\right)\right\} = \boldsymbol{\frac{\pi}{3}}$

memo

memo

memo

memo

【著者紹介】

丸井洋子（まるい　ようこ）　　博士（理学）

　　学　歴　大阪大学大学院理学研究科博士後期課程修了（2004）
　　職　歴　大阪工業大学（2004 ～）
　　　　　　東洋食品工業短期大学（2005 ～）
　　　　　　産業技術短期大学（2011 ～）
　　　　　　大阪大学（2021 ～ 2022）

【大学数学基礎力養成】
積分の問題集　新装版

2017年10月20日　第 1 版 1 刷発行　　　　　ISBN 978-4-501-63470-4 C3041
2023年10月20日　第 2 版 1 刷発行

著　者　丸井洋子
　　　　ⓒ Marui Yoko 2017, 2023

発行所　学校法人 東京電機大学　〒120-8551 東京都足立区千住旭町 5 番
　　　　東京電機大学出版局　　Tel. 03-5284-5386（営業）03-5284-5385（編集）
　　　　　　　　　　　　　　　Fax. 03-5284-5387 振替口座 00160-5-71715
　　　　　　　　　　　　　　　https://www.tdupress.jp/

印刷：新灯印刷（株）　　製本：渡辺製本（株）
装丁：福田和夫（FUKUDA DESIGN）
落丁・乱丁本はお取り替えいたします。　　　　　　　　Printed in Japan